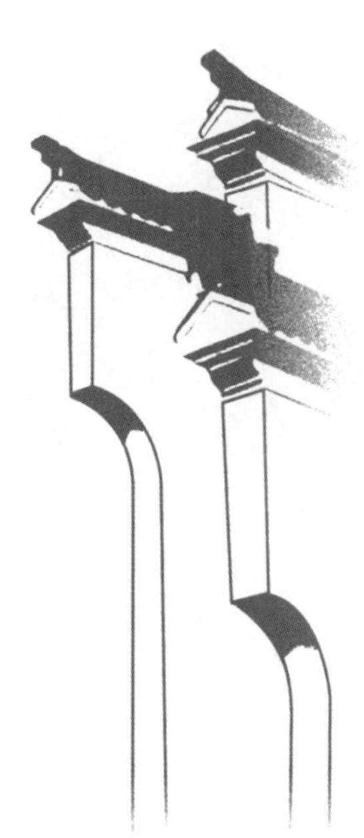

徽州古建技艺的数字化再生

杨 群 梁 勇 冯加民 著

东北大学出版社

·沈 阳·

图书在版编目(CIP)数据

徽州古建技艺的数字化再生 / 杨群,梁勇,冯加民著. --沈阳:东北大学出版社,2024. 9. -- ISBN 978-7-5517-3554-4

Ⅰ. TU-092. 2

中国国家版本馆 CIP 数据核字第 20240AG648 号

出 版 者:东北大学出版社

地址:沈阳市和平区文化路三号巷 11 号

邮编:110819

电话:024-83683655(总编室)

024-83687331(营销部)

网址:http://press. neu. edu. cn

印 刷 者:辽宁虎驰科技传媒有限公司

发 行 者:东北大学出版社

幅面尺寸:185 mm×260 mm

印　　张:7. 5

字　　数:139 千字

出版时间:2024 年 9 月第 1 版

印刷时间:2024 年 9 月第 1 次印刷

责任编辑:周　朦

责任校对:王　旭

封面设计:张田田　潘正一

责任出版:初　茗

ISBN 978-7-5517-3554-4　　定　价:45. 00 元

前　言

徽州这片古老而充满魅力的土地，孕育了丰富的建筑技艺与文化遗产。千百年来，徽州古建筑以其独特的风格、精湛的工艺和深厚的文化内涵，成为中国传统建筑艺术的瑰宝。然而，随着时代的变迁和现代化进程的加速，徽州古建技艺面临着传承困难、技艺失传等问题。为了保护和传承这一宝贵的文化遗产，数字化技术为徽州古建技艺的再生提供了新的可能。通过数字化技术，对徽州古建筑进行精确的三维建模、纹理映射和虚拟漫游，古建筑得以在数字世界中重现原貌。同时，数字化技术可以对徽州古建技艺进行分析，提取其精髓和特征，为现代建筑设计提供灵感及借鉴。

数字化再生不仅有助于保护和传承徽州古建技艺，更能推动其与现代建筑设计的融合。通过数字化技术，可以将徽州古建筑的元素和风格与现代建筑理念相结合，创造出既具有传统韵味又符合现代审美需求的建筑作品。这既是对传统文化的尊重与传承，也是对现代建筑创新的探索与实践。因此，徽州古建技艺的数字化再生具有重要的现实意义和深远的历史价值。

本书以徽州古建技艺概述为切入点，系统介绍徽州古建技艺数字化再生的技术基础，论述徽州古建技艺数字化再生的策略，并对徽州古建技艺数字化再生的实践进行深入研究。希望本书内容能够在徽州古建技艺的数字化再生研究方面为读者提供帮助。

在写作过程中，著者参阅了相关文献资料，在此，谨向其作者深表谢忱。

由于水平有限，本书难免存在疏漏，恳请广大读者批评指正，并衷心希望同行不吝赐教。

著　者

2024 年 4 月

目 录

第一章　徽州古建技艺概述

第一节　徽州古建技艺的构成

一、徽州古建的木构技艺

（一）工艺流程

徽州古建的木构技艺，是徽州匠人的智慧结晶，体现了其精湛成熟的技艺。这一工艺流程通常包括选材、制材、做架、刻花等环节，每个环节都有其独特的技艺要点和考究。

1. 选材

选材是木构技艺的首要环节，直接关系到建筑的品质和寿命。徽州地区盛产优质木材，如金钱松、杉木、楠木等。匠人对木材的挑选有一套严格的标准，要求木材纹理通直、无裂纹、无虫蛀，且要经过多年的自然风干，甚至会根据不同部位的受力需求，选择不同性质的木材。这种因材施用的智慧，奠定了徽州古建经久耐用的基础。

2. 制材

制材是将选好的木料加工成标准构件的过程。传统的制材工具有斧、锯、刨等。匠人用这些简单的工具，凭借手工操作，就能将木料加工得方正、平整，且尺寸精确无误。他们还会根据构件的受力特点，调整木材的纹理走向，做到既美观又实用。

3. 做架

做架是将制好的木构件按照一定的结构方式进行拼接，形成建筑的主体框架。徽州古建筑多采用穿斗式或抬梁式木构架，这两种结构既能承重，又有利于空间的自由划分，体现了结构与功能的完美结合。做架时，需要多人协作，讲究节奏和配合，通常由匠人统一指挥。构架的牢固程度直接决定了建筑的稳定性，因此，匠人对榫卯技艺格外重视。用榫卯结合木构件，既规避了铁钉对木材的损伤，又体现了严丝合缝的精湛工艺。

4. 刻花

刻花是在构架的基础上，对建筑进行艺术加工，体现了徽州古建的审美追求。徽州古建的雕刻题材多取自传统图案、文学典故、吉祥物等，不仅形式考究、颇具美感，更蕴含丰富的文化内涵。匠人或雕或剔，将平凡的木头幻化成精美的艺术品，令人叹为观止。这些遍布建筑内外的雕花，既有作为梁架的大木构雕，也有作为飞檐翘角的小木构雕，构成了徽派独特的装饰语汇。

（二）结构特点

穿斗式木构架和抬梁式木构架是徽州古建中两种主要的木构架形式，其结构原理和优势各有特点。穿斗式木构架以柱、梁、枋、斗拱等构件组成，靠榫卯连接，结构灵活多变，适应性强。在这一体系中，斗拱位于柱与梁之间，由屋面和上层构架传下来的荷载通过斗拱传给柱，再由柱传给基础，形成一个稳定的受力体系。此外，穿斗式木构架的柱网布置灵活，跨度可大可小，便于营造不同空间形式。同时，丰富的斗拱组合形式，既能满足结构受力需求，又能营造出丰富多彩的建筑形态和装饰效果。

与穿斗式木构架不同，抬梁式木构架主要由柱和梁组成，以穿枋铺板的方式来传递荷载，布局简洁、结构清晰，适合营造大跨度空间。在这一体系中，梁是主要的承重构件，跨越于柱间，直接承担楼板和屋面的荷载。由于梁可直接跨越柱间，省去了复杂的斗拱，因而受力路径更为直接，结构效率更高。不过，抬梁式木构架在梁的跨度和材料的选择上有较高要求，需要采用高强度、大直径的木材。

穿斗式木构架和抬梁式木构架在受力机理上的差异，导致了两者在适用性和优势方面的不同。穿斗式木构架更注重空间的灵活性和装饰性，而抬梁式木构架更强调结构的简洁性和高效性。但两者并非完全对立，在徽州古建的实践中，往往会根据建筑功能和营造需求，灵活采用及组合两种构架形式。

总而言之，无论是穿斗式木构架还是抬梁式木构架，其构件的加工和安装都凝聚着徽州匠人高超的营造技艺。通过对木材的精心挑选、科学配比和缜密制作，再现了徽州古建的工艺美感。榫卯结构的广泛应用，既满足了构件间的可靠连接，又体现了结构自身的灵活性和装配式特点。这些技艺的背后，既是代代相传的营造智慧，也是因地制宜、物尽其用的生态理念。

（三）装饰技法

徽州古建的木雕装饰技艺是中华民族传统文化的瑰宝，以其精湛的技艺和独特的艺术风格享誉世界。在徽州古建中，木雕装饰无处不在，从建筑的大木构件到室内的陈设摆件，无不体现出工匠高超的雕刻技艺和细腻的艺术感知力。

1．雕刻

徽州工匠运用各种雕刻工具，在木构件表面进行线条、图案的雕琢，通过凹凸有致的线条变化和光影布局，营造出丰富多彩的装饰效果。在雕刻题材上，既有吉祥喜庆的花鸟鱼虫，也有象征美好寓意的神话传说，更有反映现实生活的风俗画卷，这些无不体现出徽州工匠广博的知识储备和创造力。同时，徽州木雕的雕刻技法颇具特色。其用刀方法简练率性，注重表现物象的神韵，追求“似与不似之间”的艺术境界。这种书卷气息与江南水乡的秀美相得益彰，造就了徽州木雕独特的艺术魅力。

2．镂空

与雕刻相比，镂空更注重通过曲线的组合变化，营造轻盈通透的视觉效果。在门窗、隔扇、披楞等建筑构件上，镂空装饰被广泛运用，不仅具有调节采光、通风的实用功能，更充满了优雅灵动的艺术表现力。徽州工匠对镂空图案的表现也颇具匠心，或繁复精细，或简练概括，将自然与想象巧妙结合，抒发着对美好生活的向往。镂空技法也对徽州工匠的技艺水平提出了更高要求。他们需要在保证构件强度的前提下，精准地控制曲线的走向和力度，才能完美呈现镂空图案的艺术美感。

3．堆塑

不同于平面化的雕刻和镂空，堆塑通过在木构件表面堆砌、塑造，营造出一种立体饱满、雕塑感十足的装饰效果。在斗拱、檐椽、额枋等建筑构件上，堆塑装饰被赋予了更加丰富的文化内涵。狮、象、麒麟等灵兽造型，寓意着辟邪纳福；牡丹、莲花等吉祥图案，象征着富贵吉祥；人物肖像则多表现历史名贤，体现了徽州商贾崇文尚礼的价值追求。作为立体化的雕塑装饰，堆塑对徽州工匠的塑造能力也提出了更高要求，他们需要在造型、透视、结构等方面都有精湛的技艺，才能令木雕栩栩如生、传神动人。

二、徽州古建的砖雕技艺

（一）材料选用

徽州本地的黄泥是砖雕技艺的重要材料基础，其独特的物理特性为砖雕工艺的实现提供了得天独厚的条件。黄泥具有黏性好、可塑性强、收缩率小等优点，经过适当配比和加工，就能够制成质地细腻、强度高、耐久性好的砖坯，这为砖雕艺术创作提供了优质的“画布”。

1．黄泥的黏性

黄泥的黏性源于其独特的矿物组成。徽州黄泥中富含高岭石、伊利石等黏土矿物，经过长期风化和沉积作用，形成了粒度细小、比表面积大的黏土颗粒。这些细小的颗粒之间存在着大量的毛细孔隙，能够吸附并储存较多的水分，从而使得黄泥具有良好的可塑性。当施加外力时，黏土颗粒之间会形成稳定的结构，赋予黄泥独特的黏结性能。正是得益于黄泥的高黏性，砖坯才能在制作过程中保持稳定的形状，为后续的雕刻工序奠定基础。

2．黄泥的可塑性

可塑性是指泥料在外力作用下产生变形而不被破坏，并在外力消除后能够保持变形后形状的能力。徽州黄泥的可塑性源于其独特的矿物组成和水分含量。当加入适量水分时，黏土颗粒表面会形成一层水膜，使颗粒之间能够相互滑动，从而赋予黄泥良好的可塑性。这种可塑性使得匠人能够随心所欲地塑造出各种精美的砖雕图案。

3．黄泥的收缩率

在烧制过程中，砖坯会因脱水和矿物相变而产生收缩。收缩率过大容易导致砖坯变形、开裂，影响砖雕的尺寸精度和美观度。徽州黄泥的收缩率较小，这得益于其独特的化学组成。黄泥中存在的石英、长石等非塑性组分，能够起到“骨架”作用，从而减小烧制过程中的收缩变形。同时，徽州砖雕匠人积累了丰富的配方经验，通过调配原料比例、控制烧制工艺，进一步降低砖坯的收缩率，确保砖雕成品尺寸的稳定性。

正是凭借黄泥优异的黏性、可塑性和低收缩率特性，徽州砖雕技艺才能在材料方面取得巨大成就。这些独特的物理性能为砖雕创作提供了广阔的空间，使匠人能够在砖坯上自由挥洒艺术才华，雕琢出精美绝伦的装饰图案。可以说，没有徽州黄泥的独特“禀赋”，就没有徽州砖雕的璀璨辉煌。

（二）雕刻技法

砖雕技艺是徽州古建中一道亮丽的风景，其精湛的雕刻技法让人赞叹不已。在徽州古建中，砖雕大多运用在门窗、影壁、照壁等装饰性较强的建筑构件上，以丰富多彩的题材和形式，营造出独特的艺术效果。

徽州砖雕的雕刻技法主要有阴刻、阳刻、透雕等。阴刻是在砖面上凿出凹形的纹样图案，线条流畅、层次分明，给人一种深沉内敛之感。砖面上的凹槽使光影变化丰富，呈现出动人的艺术魅力，多用于表现山水、花鸟、几何纹样等。阳刻则是在砖面上雕凸出的纹样，使图案具有立体感，线条粗犷有力，充满动感，常用于塑造人物、动物等形象。透雕是在砖面上雕镂出透空的花纹，使砖块犹如镂空的花窗，透光性强，极富装饰效果。透雕图案通常繁复精巧，需要非常高超的雕刻技艺。

徽州砖雕技艺的难能可贵之处，在于能根据不同图案主题，恰如其分地运用阴刻、阳刻、透雕等多种雕刻手法，表现出疏密有致、虚实相生的艺术感受。在一些精品砖雕作品中，阴刻与阳刻相结合、透雕与浮雕相呼应，层次丰富、栩栩如生。雕刻艺人以精湛的技艺和细腻的情感，将平凡的砖块雕琢成艺术珍品，令人赞叹。

除了雕刻技法的多样性，徽州砖雕还体现出题材内容的丰富性。传统的吉祥图案，如牡丹、石榴、兰花等，寓意着美好祝福；山水风景、亭台楼阁等，展现了徽州秀丽的自然山水和徽州古建之美；神兽瑞兽，如麒麟、凤凰等，象征吉祥如意；经典戏曲人物、英雄人物，体现了中华民族悠久的文化内涵和精神内核。不同的主题内容与建筑构件的实用功能巧妙结合，彰显出徽州匠人的巧思慧心。

徽州砖雕技艺经过历代匠人的不断钻研和创新，形成了独具特色的艺术风格。一方面，徽州砖雕吸收了徽州本地山水人文的养分，根植于徽州传统文化沃土，具有浓郁的乡土气息和地方特色。另一方面，融入了匠人的审美情趣和艺术才情，雕刻手法灵活多变，构图疏密有致，形象生动传神，体现出个性化的艺术风貌。

作为一种传统工艺，砖雕在现代社会依然散发着历久弥新的魅力。通过研究砖雕的雕刻技法，我们不仅能够领略徽州古建的艺术之美，更能够从中汲取丰富的营养，为建筑装饰、文创产品、美术教育等提供有益借鉴。传统技艺与现代设计理念的融合，必将焕发出新的生命力，创造出更多惊艳的经典之作。

三、徽州古建的石雕技艺

（一）题材内容

徽州古建的石雕艺术凝结了徽州悠久的历史文化和精湛的工艺技艺，其题材内容丰富多样，蕴含了深厚的文化内涵。在徽州古建中，石雕常以文字、纹饰、图案等装饰性题材的形式呈现，不仅具有很高的审美价值，更彰显了丰富多样的地域特色和民族风格。

文字题材是徽州石雕中最为常见的内容之一，被广泛运用于牌匾、楹联、坊额等建筑构件上，以隶书、楷书、行书等多种字体刻写，流露出典雅、儒雅的书卷气。石雕中文字大多节选自经典诗文、谚语、格言，表达了文人雅士的人生哲思和情怀志向。譬如，“诗书继世”“忠孝传家”等，体现了徽州人重文尚教的传统观念；“和气致祥”“广厦万间”等，寄托了人们对美好生活的向往。还有一些文字出自家训家规，如“俭德养廉”“诚至金开”，是徽商勤俭治家、诚信经营的座右铭。这些文字不仅装点了徽州古建，也传承了徽州深厚的人文底蕴。

纹饰题材是徽州石雕的重要表现内容，各式花卉纹样和几何图形组合交织，形成错落有致、繁简相宜的装饰效果。其中，牡丹、莲花、菊花等吉祥花卉的运用尤为广泛，寓意富贵、高洁、吉祥；而缠枝纹、如意纹、回纹等突出了对称、和谐的装饰风格。值得一提的是，有的纹饰暗含玄机：“太阳纹”取意“旭日东升”，预示前程似锦；“盘长结”取意“富贵吉祥”，象征生活美满。这些趣致的纹饰语汇，无不彰显出徽州石雕装饰的灵动多姿。

除了装饰性题材，徽州石雕中还有不少生动形象的人物、动物图案。石雕艺人或立体圆雕，或薄浮雕刻，将戏曲人物、神话传说、民俗风情巧妙融入建筑之中。常见的有“八仙过海”“梁祝化蝶”等脍炙人口的戏曲故事，寄托了人们对真善美的歌颂；麒麟送子、喜鹊登枝等祥瑞图案，表达了对子嗣绵延、家庭和睦的美好祝愿；耕读图、渔樵图等，再现了徽州朴实无华的田园风光。从这些图案中，我们不仅看到了精妙的构图和细腻的刀工，更感受到浓郁的生活气息和真挚动人的情感，为单纯的装饰题材注入了灵魂，使其跃然于斑斓的画面之中。

（二）布局形式

徽州古建石雕技艺的布局形式体现了深厚的文化底蕴和独特的艺术风格。在徽州古建中，石雕装饰往往与建筑结构紧密结合，形成一种和谐统一的艺术效果。从布局形式上看，徽州古建石雕的布局形式主要分为散点式和连续式两种。

1. 散点式布局

散点式布局是指将石雕装饰元素分散布置在建筑的不同部位，如柱础、门窗、墙面等。这种布局形式强调点缀装饰，突出重点，为建筑增添灵动活泼的气息。散点式石雕往往选取吉祥喜庆的题材，如花卉、鸟兽、人物等，寓意美好，象征福瑞。例如，在徽州民居建筑的门楣上，常见狮面、猴头、如意等散点式的石雕布局形式，体现了主人的审美情趣。

2. 连续式布局

与散点式布局不同，连续式布局强调一种连绵不断、首尾相接的视觉效果。这种布局形式多见于建筑的檐口、雀替、石坊等部位，利用连续重复的纹饰营造出一种富有节奏感的装饰效果。连续式石雕通常采用几何纹样、如意云头、卷草纹等，体现出浓郁的地域特色和文化内涵。例如，在徽州祠堂的檐口处，连续式卷草纹石雕绵延不绝、曲折回环，既增强了建筑的层次感，又寄托了子孙后代生生不息的美好愿景。

（三）雕刻手法

石雕技艺中浮雕、透雕等多种雕刻手法的运用，不仅体现了徽州匠人的智慧与创造力，更折射出中华传统文化的博大精深。浮雕作为一种常见的石雕表现形式，通过在石材表面雕刻出凸起的图案，营造出立体感和空间层次，形象地再现了人物、花鸟、山水等题材的灵动之处。浮雕的雕刻技法丰富多样，如浅浮雕、深浮雕、高浮雕等，它们各具特色，对雕刻深度和细节处理的差异，形成了迥然不同的艺术效果。以“四君子”图案为例，匠人运用浅浮雕手法，通过简练而传神的刀法，刻画出梅、兰、竹、菊的形态神韵，体现了文人雅士高洁品格的文化内涵。

与浮雕相比，透雕更加注重虚实结合、明暗对比，以体现更强的通透性和层次感。借助阳光投射，透雕作品能够营造出移步换景的视觉效果，给人以无穷的想象空间。徽州石雕中的窗棂、隔扇等建筑构件，常采用透雕工艺。匠人在坚硬的石材上勾勒纹样轮廓，再运用錾子、凿子等工具进行镂空雕刻，使得图案轮廓既质朴简练，又不失精巧玲珑。窗棂上或雕仙鹤、白鹿等祥瑞图案，象征福禄吉祥；或雕山水、人物等场景，引人遐想，启人心智。

浮雕与透雕的完美结合，更能彰显石雕艺术的丰富层次和悠久魅力。以新安江畔的桃花潭景区为例，园内奇石罗列，石雕作品星罗棋布。一座“双狮滚绣球”的石雕屏风，采用高浮雕工艺，塑造狮子昂首伏地、引球嬉戏的动态造型，再以透雕手法镂空雕琢花纹图案，使得整个画面灵动传神、生机盎然。透过镂空处望去，壁后青山绿水、桃花烂漫，前景雕饰与后景风光交相辉映，堪称石雕技艺与自然美景的完美结合。

四、徽州古建的彩绘技艺

（一）色彩运用

徽州古建的彩绘技艺遵循着一定的色彩搭配原则，这些原则的形成既有文化传统的积淀，也有匠人长期实践的智慧结晶。徽州古建的彩绘多以朱红、藻蓝、草绿为主，辅以金黄、墨黑等点缀，色彩艳丽而不失庄重。多种多样的色彩蕴含着深厚的文化内涵，如朱红象征吉祥喜庆，藻蓝寓意高贵典雅，草绿则体现生机勃勃。将这些色彩恰到好处地组合运用，可以营造出独特的徽派美学意境。

在具体的色彩搭配技法上，徽州古建的彩绘讲究“就地取材、多色并用、以花代色、层次丰富”。就地取材是指充分利用当地的天然矿物颜料，如石青、赭石、黄丹等，既经济实惠又富有乡土气息。多色并用强调色彩的丰富性和协调性，避免单一色调的呆板。以花代色是一种独特的彩绘技巧，用工笔重彩的手法在建筑构件上绘制各种花卉图案，再现自然之美。层次丰富则追求色彩明暗、冷暖的变化，营造出深远的空间感。

在民居建筑中，彩绘多见于门窗、雀替、斗拱等细部构件。门窗彩绘常以朱红色为底，饰葫芦、双喜等吉祥纹样，寓意福禄双全。雀替多为藻蓝色，镶嵌红色、黄色的花卉图案，给人一种典雅清新之感。斗拱彩绘则更加繁复精美，每一个斗拱都精雕细琢，再施以红、蓝、黄、绿等鲜艳色彩，从而凸显这一建筑细部的装饰美感。

在祠堂、书院等公共建筑中，彩绘用色更加讲究，对比强烈且泾渭分明。例如，墙面多用素雅的藕荷色；垂带、挂落则以红色为主、蓝绿点缀；梁架彩绘常见朱红与金黄的交替运用，给人一种庄严华贵之感。此外，彩绘中还常用金粉勾勒线条，不仅使建筑色彩更加耀眼夺目，也凸显建筑主人的身份地位。

（二）绘制工艺

徽州古建彩绘技艺的传统手工绘制工艺是徽州匠人的智慧结晶，体现了他们的审美追求。通过勾线描彩等一系列繁复的工序，匠人在木构件表面营造出色彩绚丽、纹饰精美的装饰效果，为徽州古建增添了独特的艺术魅力。

徽州古建彩绘技艺的勾线技法是整个绘制工艺的基础。匠人先用墨线在木构件表面勾勒出纹样轮廓，再沿线条均匀地涂上颜料，使纹样线条清晰、轮廓分明。这一环节对匠人的眼力、手稳度要求很高，稍有偏差便会影响整体装饰效果。为保证勾线的精准性，匠人常使用一种名为“对针”的工具，它由两根细竹签组成，通过调整两针间的距离来控制线条的粗细。

在勾线的基础上，匠人进行“描彩”。“描”指上色，“彩”指彩绘所用颜料。传统的徽州古建彩绘多采用天然矿物质颜料，如朱砂、石青、黄丹等，色彩朴实而亮丽。匠人先在线条内涂抹底色，待其干后再用细笔描绘，使色彩层次丰富、过渡自然。在这一过程中，笔触的力度、颜色的浓淡都需要匠人反复揣摩、精心把控。

彩绘纹样图案的布局也极为讲究。徽州匠人巧妙运用对称、均衡、节奏等构图法则，将花卉、山水、鸟兽、几何等纹样有机组合，达到丰富多样、和谐统一的整体效果。这些纹样不仅具有强烈的装饰性，更蕴含吉祥、长寿、子孙满堂等美好寓意，反映了徽州先民的价值追求。

在彩绘的最后，匠人还会在已完成的彩绘表面覆盖一层透明的保护漆，起到防潮、防尘、保光的作用。传统的保护漆多选用桐油或生漆，经过反复上漆、打磨数遍，方可使彩绘色泽悦目、富有光泽。

第二节　徽州古建技艺的价值

一、徽州古建技艺的文化价值

徽州古建技艺作为一项重要的非物质文化遗产，承载着徽州地区深厚的历史文化底蕴。它不仅是先人智慧的结晶，更是中华民族传统建筑文化的典范。徽州古建技艺的文化价值主要体现在以下四个方面。

其一，徽州古建技艺是徽州文化的重要组成部分。徽州地区自古以来就重视文化教育，这种思想背景深刻影响了徽州古建的设计理念和美学追求。徽州古建讲究对称、和谐、平衡的布局，善于因地制宜，以达到与周围环境相协调的目的。这种儒道并蓄的文化内涵，使得徽州古建既有端庄典雅之美，又有返璞归真之趣。

其二，徽州古建技艺见证了徽州地区的发展历程。徽州古建随着徽商的崛起而进入鼎盛时期，徽商文化也深深烙印在徽州古建之中。徽州祠堂、宗祠等建筑形制的形成和发展，反映了徽州宗族文化的繁荣历程；徽州民居装饰之精美，彰显了徽商雄厚的经济实力；而徽州书院、学宫等教育建筑，体现了徽州人重教尚学的文化传统。可以说，每一座徽州古建都浓缩了一段徽州地区的发展史，是研究徽州社会变迁不可或缺的实物资料。

其三，徽州古建技艺融合了多种文化元素，具有独特的审美价值。徽州地处南北文化的交汇处，长期与周边地区保持频繁的经济文化交流。这种地缘优势使得徽州古建吸收了北方建筑的大气磅礴、南方建筑的精巧秀丽，以及江南园林的曲径通幽，形成了兼容并蓄、独具一格的建筑风格。无论是粉墙青瓦的民居，还是飞檐翘角的祠堂，抑或是玲珑剔透的花窗，都展现了徽州古建技艺的独特魅力。因此，徽州古建是研究中国古代建筑艺术不可多得的经典范本。

其四，徽州古建技艺包括了丰富的非物质文化遗产。徽州古建的建造离不开众多优秀的传统工艺，如木雕、石雕、砖雕、瓦雕、彩画等。这些工艺世代相传，是徽州能工巧匠的智慧结晶。徽州木雕以简练概括、平面化的特点而著称；石雕刀法圆熟，洋溢着江南水乡的灵动气韵；砖雕图案丰富、寓意美好；彩画色彩绚丽、笔触细腻。这些技艺不仅是徽州手工业的瑰宝，更是中华民族智慧的结晶。保护、传承和弘扬徽州古建技艺，对延续中华文脉、增强文化自信具有重要意义。

二、徽州古建技艺的艺术价值

（一）建筑艺术价值

徽州古建技艺丰富多样的建筑形制、巧妙精致的空间布局，以及精湛绝伦的装饰艺术，不仅彰显了其独特的艺术魅力，更体现了中华传统文化的深厚底蕴。徽州古建以其独特的形制风格闻名于世，马头墙、小青瓦、飞檐翘角等元素构成了徽州古建独特的外在形象。这些形制不仅具有实用功能（如马头墙可以防火、挡风，小青瓦有利于排水、散热，飞檐翘角增强了建筑的稳定性和耐久性），更蕴含了丰富的文化内涵。例如，马头墙象征着对邪恶的镇压和对美好的祈愿；飞檐翘角寓意着日新月异、蒸蒸日上。这些形制元素与建筑功能完美结合，既满足了民众的使用需求，又富有诗情画意，充分体现了徽州先民高超的建筑艺术造诣和深邃的哲学思想。

徽州古建的空间布局同样彰显了其独到的艺术价值。四水归堂的院落布局、天井的设计、前厅后堂的空间序列等，既符合中国传统的礼制文化和伦理观念，又巧妙地营造出了宽敞舒适、玲珑有致的居住空间。这种布局不仅有利于采光、通风、防潮等，更带来了丰富的空间层次。例如，四水归堂的院落布局寓意福禄寿喜的美好祝愿；天井的设计不仅有利于采光通风，更有“沟通天地、联系自然”的重要寓意；前厅后堂的空间序列则体现了尊卑有序、以礼为度的思想。这些布局手法将实用性与艺术性完美结合，营造出和谐优美、温馨雅致的居住环境，彰显了徽州古建独特的空间魅力。

徽州古建技艺在装饰艺术方面更是达到了登峰造极的境界。精美的砖雕、木雕、石雕，雅致的彩绘和装修，不仅为建筑增添了美感，更浓缩了徽州地区深厚的历史文化底蕴。砖雕、木雕、石雕融合吉祥、喜庆等主题，龙凤呈祥、牡丹富贵、麒麟送子等图案寓意美好，吉庆有余、百鸟朝凤等纹样象征吉祥，构成了徽州雕刻艺术的瑰丽图景。这些雕刻不仅工艺精湛、技艺超群，更蕴含着丰富的文化内涵，体现了徽州人追求美好生活、向往幸福吉祥的价值理想。彩绘装修方面，无论是色彩的搭配还是图案的设计，都体现了高超的艺术才情。红绿相间、金碧辉煌的彩画，吉祥喜庆、富丽堂皇的图案，营造出了喜气洋洋、欣欣向荣的视觉氛围。这些装饰艺术不仅为徽州古建增添了靓丽的色彩和华美的气息，更充分展现了徽州先民的智慧才情和审美追求。

（二）色彩艺术价值

徽州古建中的色彩运用可谓匠心独运，无论是建筑彩绘还是墙体色彩搭配，都展现出了徽州匠人高超的审美素养和精湛的工艺水平。这些色彩不仅赋予了古建筑生动的视觉形象，更承载了深厚的文化内涵和美学价值。

建筑彩绘是徽州古建色彩艺术的重要组成部分。在徽州古建中，彩绘多见于门窗、挂落、藻井等构件，题材涵盖山水、花鸟、人物、几何纹样等，色彩丰富且和谐统一。这些彩绘不仅具有很强的装饰性，更蕴含着丰富的文化象征意义。比如，凤凰、牡丹等吉祥图案寓意美好祝愿；龙纹、云纹等象征着权势和吉祥如意。徽州匠人巧妙地将这些图案融入建筑空间，营造出富丽堂皇、祥和安宁的氛围。在彩绘色彩的选择上，徽州匠人展现出了高度的文化修养和色彩把控能力。他们善于借助色彩的内在联系，通过“间色”手法，使用对比色或互补色制造视觉张力，突出画面的层次感。同时，他们对颜料的肌理、明度、纯度有着精准的把控，确保色彩和谐统一，避免艳俗和杂乱。

徽州古建中的墙体色彩同样值得称道。与鲜亮的彩绘不同，墙体多采用素雅的色调，如灰白、米黄等，给人一种恬淡、宁静的感受。这种色彩处理一方面源于当地可用的建筑材料，如石灰、黄土等；另一方面与徽州文人崇尚简约、淡泊的审美情趣密切相关。墙体的色彩并非一成不变，而是根据建筑的类型、等级有所区别。例如，府邸、祠堂等重要建筑的墙体大多采用更加庄重的色调，而一般民居多用素净的米黄或灰白。这种差异化的色彩处理，既符合伦理秩序，又能彰显建筑的性质和地位。除了整体色调的把控，徽州古建的墙面还常嵌入各种图案化的砖雕、木雕，形成丰富的肌理效果，为素净的底色增添灵动的生机。

从现代眼光来看，徽州古建色彩的运用也为我们提供了宝贵的艺术启示。它告诉我们，建筑色彩不应是无目的的堆砌，而应是根植于文化土壤，服务于建筑的性质和功能，力求与周边环境和谐共生。同时，建筑色彩是塑造地域特色、传承文化价值的有效途径。只有深入挖掘和认识传统建筑色彩的奥妙，才能真正传承与发扬优秀的地域建筑文化。此外，古建筑色彩的和谐之美也启示我们，色彩搭配应追求整体的平衡、和谐，避免过度放纵个人偏好而破坏整体美感。

徽州古建色彩的艺术魅力远不止于表面的视觉呈现，其背后蕴藏着深厚的文化底蕴和价值追求。一砖一瓦、一彩一绘，都凝聚着徽州先民的智慧和文化基因。这种代代相传、历久弥新的建筑色彩艺术，不仅是一笔宝贵的文化遗产，更是一种永恒的美学价值，值得我们去认真揣摩和传承发展。在建筑日益标准化、同质化的当下，汲取徽州古建色彩的精髓，对丰富现今的建筑文化，塑造个性鲜明的建筑风貌，具有重要的借鉴意义。

三、徽州古建技艺的经济价值

徽州古建技艺蕴含着巨大的经济价值，其精湛的技艺水平和独特的艺术魅力，不仅为徽州地区创造了可观的经济效益，也为现代旅游业、文化创意产业的发展提供了宝贵的文化资源与精神财富。

徽州古建大多建于明清时期，当时徽州地区商贾云集、经济繁荣，为古建筑的营造提供了雄厚的物质基础。徽商不惜重金，聘请当地最优秀的匠人来设计、建造自己的宅邸，因此，徽州民居的建筑规模往往较大，装饰也十分考究。据统计，位于黟县的西递、宏村两座古村落，保存完好的明清民居多达百余座，其中不乏富丽堂皇的大宅，雕梁画栋、精美绝伦。这些古建筑不仅是徽州先民物质财富的体现，更是一笔弥足珍贵的文化遗产，为当代研究古徽州社会经济状况提供了宝贵的实物资料。

进入 21 世纪，随着人们文化消费需求的日益升级，徽州古村落的旅游开发日益受到重视。西递、宏村、南屏等古村落依托丰厚的古建筑资源，大力发展文化旅游业，带动了当地经济的快速增长。游客在参观古民居、街巷时，无不被徽州匠人的精湛技艺所折服，纷纷为之惊叹。一砖一瓦，一雕一琢，无不是古代徽州工匠的智慧结晶。通过游客购买文创产品、手工艺品等方式，将古建筑技艺所蕴含的审美价值转化为实实在在的经济效益，让古老技艺焕发出勃勃生机。

在新时代背景下，徽州古建技艺与现代文化产业的融合发展前景广阔。一方面，我们要加强对古建筑的科学保护，完善相关法律法规，严厉打击破坏古建筑的违法行为，为古建技艺的传承创造良好的制度环境。另一方面，要积极探索“古建筑活化利用”的有效路径，在保护古建筑原真性、完整性的基础上，赋予其新的功能和内涵。比如，可以将一些徽派民居建筑改造为文化创意园区，引入设计、动漫、影视等文创企业，让古老的建筑空间焕发出新的活力。通过“文化+科技”的创新融合，让优秀的古建技艺与现代审美、数字技术相结合，孕育出更多的文化新业态，创造出更大的经济效益和社会效益。

四、徽州古建技艺的科学研究价值

徽州古建技艺不仅展现了精湛的建筑艺术，更凝聚着丰富的科学智慧。这些传统技艺对现代建筑科学的发展具有重要的借鉴价值和研究意义。从建筑材料的选择和处理到建筑结构的设计和施工，徽州古建无不体现出先民对自然规律的深刻认识和巧妙运用。

徽州古建大多选用当地的木材、石材、砖瓦等天然材料，经过精心的加工和处理，使其具备良好的耐久性和适用性。譬如，徽州匠人善于利用木材的物理特性，通过合理的截面设计和接榫方式，使木构件在承重、抗震等方面展现出优异的性能。而对于易受潮湿影响的木材，徽州匠人又创造性地运用桐油、生漆等天然涂料进行防腐防虫处理，大大延长了建筑的使用寿命。这些材料的选用和处理技术不仅体现了朴素的生态理念，更蕴含着深厚的科学知识，值得在现代建筑材料研发中学习与借鉴。

在建筑结构设计方面，徽州古建展现出了独特的科学性和合理性。徽州地处山区，地震频发，为了提高建筑的抗震性能，徽州先民创造性地采用了“四阿五脊”的屋顶结构和穿斗式木架等设计。“四阿五脊”屋顶采用了双层檐的做法，内层檐口狭小，外层檐口宽大，形成了独特的曲线造型，不仅美观大方，更具有良好的排水性能和稳定性。而穿斗式木架结构巧妙地利用了木构件的柔韧性，通过增加柱、梁、枋等构件的数量和连接点，提高了建筑整体的刚度与稳定性，使其能够更好地抵御地震和风雪的侵袭。这些结构设计的科学原理，对现代建筑的抗震设计和木结构建筑的发展都具有重要的启示意义。

徽州古建中还广泛运用了砖石砌筑、夯土墙、青瓦屋面等传统营造技术。这些技术看似简单，却蕴含着丰富的力学原理和施工智慧。例如，砖石砌筑讲究砌体的错缝搭接和均匀受力，通过合理控制灰缝的厚度及砂浆的配比，使砌体具有较高的强度和稳定性。而夯土墙利用了土的可塑性和黏聚力，通过分层夯筑、捣打密实等工艺，使土墙具备了良好的保温隔热性能与耐久性。青瓦屋面的铺设更是体现了徽州匠人精益求精的工匠精神，其吻兽、博风、滴水等形状的细部构造设计和施工，无不彰显出高超的建筑技艺及审美追求。这些传统营造技术所蕴含的科学原理和施工经验，对现代建筑施工质量的提升，以及传统技艺的传承发展都具有重要的借鉴价值。

在建筑布局和空间组织上，徽州古建也展现出了独特的科学性。徽州民居多采用三合院、四合院等围合式院落布局，讲究“前有照壁，后有屏山，左有宗祠，右有书房”的理想模式。这种布局不仅满足了徽州人重礼教、尊宗法的文化心理需求，更体现出了对气候特点、地形条件、日照需求等因素的充分考量。合院空间的围合性有利于抵御寒风的侵袭，而天井、水口等构造能起到采光通风的作用，使室内空间冬暖夏凉、空气流通。建筑的朝向选址讲究“背山面水、前低后高、藏风聚气”，也充分考虑了地形地貌、水系走向等因素，营造出人与自然和谐共生的环境氛围。这些建筑布局和空间组织的科学理念，对现代建筑设计中的场地综合利用、参数化设计等具有一定的启发意义。

第二章　徽州古建技艺数字化再生的技术基础

第一节　三维扫描技术

一、三维扫描技术的类型

（一）激光扫描技术

激光扫描技术是一种利用激光测距原理获取物体表面三维数据的先进技术。它通过向目标物体发射激光束，并接收返回的反射信号，然后根据激光束的发射和接收时间差，计算出物体表面各点的三维坐标，从而获得物体的精确三维数字模型。这一技术具有非接触、高精度、高效率等优点，在工业制造、文物保护、医学成像等领域得到了广泛应用。

在徽州古建的数字化再生中，激光扫描技术发挥着关键作用。传统的测绘方法难以全面、精确地记录古建筑的几何信息和纹理细节，而激光扫描技术能够快速、高效地获取古建筑的三维数据，为后续的数字化再生奠定基础。通过激光扫描，可以精细记录徽州古建的立面、平面、剖面等几何信息，以及构件表面的纹理、雕刻、彩绘等艺术细节，全面再现其精巧的建筑艺术和精湛的营造技艺。

（二）结构光扫描技术

结构光扫描技术是一种通过投射特定编码模式的光线到物体表面，并根据物体表面形貌对光线产生的变形重建三维模型的技术。它利用空间光调制器或投影仪将一系列结构化图案（如条纹、网格、圆点等）投影到物体表面，同时采用一个或多个相机从不同角度采集物体表面反射的图像序列。物体表面的起伏变化会导致投影图案产生畸变，通过分析畸变图案的相位变化，结合三角测量原理，即可计算出物体表面每一点的三维坐标，进而重建出完整的三维模型。

与其他三维扫描技术相比，结构光扫描具有独特的优势。首先，结构光扫描的数据采集速度非常快，一次投影即可获取物体表面的大量三维数据，非常适合对大尺寸、复杂形状物体进行快速扫描。其次，由于采用主动投影的方式获取深度信息，而结构光扫描对物体表面的材质和纹理不敏感，即使在无特征、单一颜色的表面也能准确重建。此外，结构光扫描的系统成本相对较低，使用的硬件设备（如相机、投影仪等）都是成熟商用产品，易于搭建和维护。

在结构光三维扫描的实际应用中，编码投影图案的设计至关重要，直接影响重建模型的精度和完整性。常见的编码策略有二进制编码、格雷码、相移条纹、多频相移等。二进制编码通过黑白条纹的组合来唯一标识物体表面的每一点，易于实现，但抗噪性较差。格雷码改进了编码的鲁棒性，相邻条纹间只有一位二进制数的差异。相移条纹利用一系列相位连续变化的正弦条纹投影，通过相位解包可获得物体的连续深度信息，精度较高，但对相机和投影仪的同步要求苛刻。多频相移则融合了多个频率的相移条纹，在获得高精度重建结果的同时提高了编码的鲁棒性。

结构光三维扫描在逆向工程、工业检测、文物数字化等领域得到了广泛应用。以文物数字化为例，传统的文物档案采集依赖手工测绘和照片记录，费时费力且精度有限。而采用结构光扫描技术，可快速获取文物表面的高精度三维数据，真实再现文物的几何形貌和纹理细节，既可用于虚拟展示及交互，也为文物的保护修复提供了数字化的基础。例如，敦煌莫高窟壁画的数字化采集就利用了结构光扫描技术，建立了洞窟的三维模型，并记录了壁画颜色、纹理等信息，为壁画的保护研究和数字展示奠定了基础。

（三）摄影测量技术

摄影测量技术是一种通过拍摄多角度照片，运用计算机视觉算法生成三维模型的数字化方法。它利用数码相机从不同视角对目标物体进行拍摄，获取一系列二维图像，然后通过图像匹配、特征提取、三维重建等算法，将这些图像转化为三维点云或网格模型。与激光扫描和结构光扫描等主动式三维扫描技术不同，摄影测量属于被动式三维重建技术，无须借助外部光源，因此具有非接触、非破坏、灵活便携等优点。

摄影测量技术的核心是利用多视角图像间的对应关系，恢复物体的三维几何信息。其基本原理是基于摄影测量学和计算机视觉的图像匹配与三维重建算法。首先，通过特征检测和匹配算法（如 SIFT，SURF 等），在不同视角图像中提取出稳定的特征点，并建立它们之间的对应关系。然后，利用对极几何原理和束调整算法，估计出相机的内外参数，得到空间坐标系下每个特征点的三维位置，形成稀疏点云。最后，通过多视角立体匹配、表面重建等算法，生成物体表面的致密点云或三角网格曲面模型。

在徽州古建技艺的数字化再生中，摄影测量技术发挥着关键作用。古建筑往往体量庞大、结构复杂、装饰繁缛，采用激光扫描等方法成本高昂且现场操作不便。而摄影测量不需要昂贵的硬件设备，仅凭数码相机就能灵活采集数据，尤其适合古建筑的户外环境。通过合理设计拍摄方案，以及选取合适的拍摄位置和角度，可以全面记录古建筑的整体外观和细部特征。利用获取的影像数据，经过三维重建处理，能够生成精细的点云模型，从而真实再现古建筑的几何形态和纹理细节。

摄影测量还能与倾斜摄影、无人机航拍等技术联用，拓展古建数字化的应用场景。利用倾斜摄影相机从多个角度对古建筑进行环绕拍摄，可获得密集重叠的影像，经处理生成覆盖范围更广、纹理更丰富的实景三维模型。而无人机航拍能够灵活机动地对古建筑实施俯瞰和近景拍摄，获取人们难以到达部位的影像数据，提升数字化的完整性与精细程度。

随着数字化、智能化时代的到来，摄影测量技术在古建筑领域的应用前景愈发广阔。一方面，高精度的三维模型为古建筑的保护、研究、展示提供了数字化载体，有助于加强对古建筑的监测和维护，促进传统工艺的传承与创新。另一方面，丰富多元的数字化成果为大众参与古建筑保护开辟了新途径，通过虚拟现实、增强现实等新技术，人们能够身临其境地欣赏、了解古建筑之美，从而增强文化自信和传承意识。

二、三维扫描系统的组成

（一）硬件设备

三维扫描系统是实现高精度、高效率获取物体三维数字模型的关键设备。一个完整的三维扫描系统通常由光学镜头、位置跟踪装置等组成，各部分协同工作，完成对目标物体的三维数字化采集。

1. 光学镜头

不同焦距、光圈和畸变参数的镜头，会显著影响扫描的视场范围、景深、分辨率等指标。因此，需要根据具体应用场景，选择性能匹配的光学镜头。例如，近距离、高精度扫描通常采用小焦距、大光圈的工业镜头；而大场景扫描需要选择视场范围大、畸变小的广角镜头。

2. 位置跟踪装置

位置跟踪装置在动态扫描中发挥着重要作用，其精度直接影响不同视角扫描数据的配准质量。常见的位置跟踪方案包括机械臂、光学跟踪系统、惯性导航系统等。机械臂通过高精度的关节测角装置记录扫描仪的位姿变化。光学跟踪系统利用外部相机阵列对扫描仪上预设的标志点进行跟踪定位。惯性导航系统使用加速度计和陀螺仪测量设备的运动信息，并通过积分运算获得位置变化。不同的跟踪方案各有优劣，需要权衡系统集成的复杂度、成本及应用需求等因素进行选择。

（二）软件设备

软件设备是三维扫描系统中不可或缺的重要组成部分，它承担着获取、压缩、存储和传输扫描数据等关键任务。高效、可靠的数据采集与传输既是保证扫描数据完整性和质量的基础，也是实现徽州古建技艺数字化再生的重要前提。

1. 数据采集模块

数据采集模块负责将扫描仪采集到的原始点云数据进行预处理和编码。由于三维扫描通常会产生海量的点云数据，为了提高存储和传输效率，减少数据冗余，数据采集模块需要对原始点云数据进行压缩。常用的点云压缩算法包括八叉树编码、KD树编码等，通过对点云数据进行空间划分和量化，在保证重建精度的同时，大幅降低数据量。此外，数据采集模块还需要对扫描数据进行滤波去噪，消除由于扫描设备误差、环境干扰等因素引入的噪声点，从而提高点云数据的信噪比。

2. 数据传输模块

数据传输模块负责将压缩后的扫描数据进行高效、可靠的传输。在大规模古建筑扫描等复杂场景下，扫描设备往往需要在不同位置多次进行数据采集，这就要求数据传输模块具有较强的鲁棒性和适应性。常见的数据传输方式包括有线传输（如USB、以太网）和无线传输（如Wi-Fi、4G/5G网络）。有线传输虽然稳定可靠，但布线不便，灵活性较差。无线传输则更加灵活，特别适用于复杂环境下的机动扫描，但需要综合考虑传输距离、功耗、数据安全等因素。此外，为了应对复杂网络环境下可能出现的数据丢失、错误等问题，数据传输模块还需要集成纠错编码、数据重传等容错机制，保证端到端的数据传输质量。

3. 存储模块

海量的三维扫描数据对存储设备的容量和读写速度提出了较高要求。为了平衡存储成本和性能，通常采用多级存储架构，将数据按照访问频率划分为热数据和冷数据，分别存储于高速存储介质（如固态硬盘）和大容量存储介质（如机械硬盘、磁带）中。同时，需要综合考虑数据的冗余备份和容灾，提高数据存储的安全性与可靠性。云存储、分布式存储等技术的应用，也为海量三维扫描数据的存储管理提供了新的解决方案。

三、基于三维扫描技术的徽州古建技艺数字化再生

（一）徽州古建筑构件三维扫描

徽州古建筑构件的三维扫描是实现其数字化再生的关键环节。通过先进的三维扫描技术，可以高精度、高效率地采集古建筑构件的几何形貌和纹理细节，为后续的数字化建模、虚拟修复、工艺分析等提供宝贵的数据基础。在扫描过程中，需要综合考虑古建筑构件的材质、尺寸、精细程度等特点，选择适宜的扫描设备和参数设置，确保获取的三维数据能够真实、完整地再现构件的原貌。

针对木构件，如梁、柱、斗拱等，可采用结构光扫描或激光扫描等技术。这类扫描技术使用的扫描设备具有较高的测量精度和分辨率，能够精细捕捉构件表面的纹理、雕刻、榫卯等细节特征。同时，灵活的扫描方式便于获取构件不同角度的数据，全面反映其立体形态。针对砖石构件，如柱础、影壁、照壁等，则可以使用激光扫描或摄影测量技术。激光扫描仪能够快速获取大范围场景的点云数据，适合对尺寸较大的构件进行整体扫描；而摄影测量技术通过多视角拍摄照片，运用三维重建算法生成精细的网格模型，在保证精度的同时，极大提高了数据采集效率。

在扫描古建筑构件时，需要充分考虑其年代久远、存在风化和破损等因素，采取适当的预处理措施，以提升扫描质量。例如，对于表面浮尘较多的构件，可先进行清理，避免杂质对扫描精度的影响；对于局部破损严重的构件，则需要在扫描前对断裂面进行修整，减少数据缺失。此外，古建筑构件所处环境的光照条件、温度、湿度等也会影响扫描效果，需要进行必要的控制和优化。

高质量的三维扫描数据是开展徽州古建数字化再生工作的重要前提，通过

精细扫描获取的点云、网格等数据，能够高保真地记录构件的几何形态和表面细节，为后续的数字化加工、虚拟装配、工艺仿真等奠定坚实的基础。利用三维扫描数据，既可以在数字环境中对古建筑构件进行任意角度的观察、测量和分析，深入研究其结构特点与营造工艺；还可以基于扫描数据，对构件进行虚拟修复和复原，探索传统技艺的数字化传承之路。

（二）传统工艺数字化记录

运用三维扫描技术获取雕刻、彩绘等传统工艺的精细几何信息和纹理细节，是实现徽州古建技艺数字化再生的关键环节。徽州古建中蕴含着丰富的传统工艺，如木雕、砖雕、石雕，以及彩绘、金箔贴等装饰工艺。这些工艺凝结了古代能工巧匠的智慧，体现了中华民族传统文化的精髓。然而，受自然风化、人为破坏等因素影响，许多精美的雕刻、彩绘已经出现不同程度的损毁，亟须采取有效措施进行保护和修复。

三维扫描技术为传统工艺的数字化记录提供了可能。通过高精度的扫描设备，可以快速且无损地获取雕刻、彩绘表面的三维数据，真实再现其精细几何形态和色彩纹理。以木雕为例，利用结构光扫描技术，可以捕捉木雕表面的微小凹凸变化，获得每个雕刻纹样的深度信息。通过点云数据处理，能够重建出与实物高度吻合的数字模型，为后续的分析、修复奠定基础。对于彩绘工艺，则可以采用高分辨率彩色纹理扫描仪，记录彩绘的色彩、笔触等细节特征，再将获取的纹理映射到三维模型上，便可在数字环境中复原彩绘的本来面貌。

三维扫描不仅能够高保真地记录传统工艺，更为探究工艺背后的技法、美学提供了新的视角。通过对扫描数据的深入分析，可以量化分析雕刻的阴阳角度、曲面变化等几何特征，揭示工匠在造型、透雕等方面的独特技法。利用三维测量技术，还能准确测量彩绘中不同颜色的分布、比例等要素，为研究彩绘的布局、用色提供数据支撑。这些分析不仅有助于传统工艺的传承与发扬，也为现代设计提供了宝贵的灵感。

（三）虚拟修复与重建

在徽州古建的数字化再生过程中，虚拟修复与重建是一个至关重要的环节。通过三维扫描技术获取古建筑构件的精细几何信息后，研究人员可以在数字空间中对破损、缺失的部分进行修复和重建，使其重现原有的风貌与魅力。这不仅有助于保护和传承珍贵的徽州古建遗产，更为后世研究和欣赏这一遗产提供了宝贵的数字资源。

虚拟修复与重建的首要步骤是对三维扫描数据进行处理和分析。通过专业软件对点云数据进行去噪、拼接、优化等操作，可以得到完整、高精度的古建筑构件三维模型。在此基础上，研究人员需要仔细观察模型的细节，判断破损、缺失的位置和程度，并参考相关历史资料及专家意见，制定科学、合理的修复方案。

在实际的虚拟修复过程中，数字技术发挥着不可替代的作用。借助三维建模软件，研究人员可以根据古建筑构件的造型特点和风格，对缺失部分进行数字化重建，使其与原有构件浑然一体。同时，数字化修复能最大限度地保留构件的历史信息，避免对原物的二次损伤。即使是已经破碎、无法修复的构件，也能在数字空间中重现其原貌，供后人研究和欣赏。

虚拟修复与重建不仅是一项技术工作，更是一项文化工程。徽州古建承载着深厚的历史文化底蕴，蕴含着先人的智慧。因此，虚拟修复与重建必须以尊重历史、弘扬传统为前提，力求再现古建筑的本真面貌。这就要求研究人员不仅要具备扎实的数字技术功底，更要对徽州古建的艺术特点、营造技艺有深入的了解和把握，做到修旧如旧、复古存真。

虚拟修复与重建为徽州古建技艺的传承和发展提供了新的路径。通过数字化手段，研究人员可以深入剖析古建筑构件的制作工艺，提炼其中的精华，为当代建筑设计和施工提供有益启示。同时，虚拟修复所形成的三维模型可用于虚拟仿真和交互式展示，让更多人领略徽州古建之美，进而提高全社会的文化遗产保护意识。

第二节　虚拟现实技术

一、虚拟现实的关键技术

（一）实时渲染技术

实时渲染技术是虚拟现实系统构建逼真虚拟场景、实现实时交互的关键。它通过对三维模型、纹理贴图、光照效果等图形元素进行实时计算和绘制，使用户能够在虚拟环境中获得身临其境的沉浸感。在徽州古建技艺的数字化再生中，实时渲染技术发挥着不可或缺的作用。

徽州古建以其精美的木雕、砖雕、石雕而闻名于世，具有丰富的历史文化内涵和艺术价值。然而，由于年代久远、自然损耗等因素，许多古建筑已经难以完整保存。利用实时渲染技术，可以根据古建筑残存的实物、图像、文字记载等资料，在虚拟空间中精准重建其三维模型。通过对建筑材质、色彩、纹理的精细刻画，再现徽州古建的艺术魅力。同时，实时渲染技术能模拟光影变化、环境氛围等因素，使虚拟场景更加逼真、生动。

在虚拟现实系统中，实时渲染技术是实现人机交互的基础。用户可以通过各种交互设备（如头盔显示器、数据手套等），在虚拟的古建筑中自由漫游、近距离观察细节等。当用户改变视角、位置时，实时渲染引擎能够根据其动作实时计算和绘制相应的画面，保证画面的连贯性和流畅性。这种沉浸式的交互方式，能够让用户仿佛置身于真实的古建筑之中，激发他们探索的兴趣，加深他们对徽州古建技艺的理解和感悟。

实时渲染技术的应用，极大地拓展了徽州古建技艺的传承和教育空间。通过虚拟现实平台，人们可以跨越时空限制，身临其境地感受古建之美。这不仅有利于激发大众对传统文化的兴趣，更为专业研究人员提供了新的研究视角和手段。例如，建筑学专业的学生可以在虚拟场景中深入分析徽州建筑的空间布局、结构特点；美术专业的学生可以近距离观摩砖雕、木雕的纹样和技法，汲取创作灵感。

实时渲染技术与其他数字技术的结合，将进一步拓展徽州古建数字化的应用场景。例如，利用增强现实技术，可以将虚拟的古建模型与现实场景相融合，实现虚实结合的沉浸式体验；再如，通过三维打印技术，可以根据虚拟模型制作古建筑构件的实体模型，用于研究、展示、教学等。

（二）立体显示技术

立体显示技术是虚拟现实系统中至关重要的一环，它通过多种方式再现三维立体场景，营造出沉浸式体验。立体显示突破了传统平面显示的局限，利用人眼的生理特性和大脑的视觉信息处理机制，使观众能够感知虚拟场景的深度信息，获得逼真的立体效果。

目前，主流的立体显示技术包括主动式快门眼镜、被动式偏振眼镜及自动立体显示等。主动式快门眼镜通过左右眼镜片的高速开关，交替呈现左右眼图像，依靠视觉暂留效应产生立体感。被动式偏振眼镜利用正交偏振原理，将左右眼图像编码为不同偏振方向的光线，通过佩戴对应的偏振眼镜进行解码，获得立体画面。自动立体显示无须佩戴眼镜辅助，直接通过光栅、视差障碍等方式将左右眼图像引导至对应眼睛，营造裸眼3D体验。

除了基于双目视差原理的立体显示技术外，全息显示、体积显示等新兴技术也在蓬勃发展。全息显示利用光波的干涉与衍射，记录并再现三维物体的波前信息，使人眼在空间多个位置都能观察到立体图像。这种技术打破了视域角的限制，能够呈现连续的视差效果和丰富的深度信息。体积显示通过在三维空间快速扫描成像，直接构建立体图像，不需要借助任何辅助设备即可实现多人共享的沉浸体验。

立体显示技术的飞速进步极大地提升了虚拟现实的视觉体验品质。在虚拟现实头盔、裸眼3D显示屏、全息投影系统等设备中，先进的立体显示方案使虚拟场景的立体效果更加逼真，显著增强了沉浸感与临场感。用户能够从多角度观察虚拟物体，感知其真实的空间位置关系，仿佛置身于真实环境之中。

在徽州古建技艺的数字化再生中，立体显示技术发挥了重要作用。通过高精度三维建模和逼真的材质渲染，古建筑的精美结构、繁复装饰、梁架细节等都能以立体形式呈现。研究人员可以沉浸式地探索古建筑的内部结构，细致观察建筑工艺的精妙之处。普通受众也能身临其境地欣赏古建筑之美，感受传统建筑艺术的非凡魅力。立体显示为徽州古建技艺的数字化注入了新的生命力，使古老的技艺焕发出全新的光彩。

除了视觉层面的沉浸体验，立体显示与触觉、听觉等多感官交互技术的结合，更是开启了身临其境感知古建技艺的大门。通过触觉反馈设备，用户能够抚摸古建筑构件的纹理，感受它们的质感与温度；三维声场营造出古建筑环境的声音景观，让人仿佛置身于历史现场。多感官融合的立体显示，使虚拟场景不再局限于视觉呈现，而是成为了一种全方位的沉浸式体验，为徽州古建技艺的数字化传承插上了腾飞的翅膀。

（三）动作捕捉技术

动作捕捉技术是虚拟现实技术中实现人机交互、提高虚拟现实交互性的关键。它通过传感器和光学设备实时捕获真实世界中人体或物体的运动信息，并将其转化为虚拟世界中虚拟角色或物体的运动数据，实现虚拟环境中的自然交互。

动作捕捉技术的核心在于对人体关键点的实时跟踪与识别。通过在人体关节处布置传感器或标记点，动作捕捉系统可以精确记录人体各部位的空间位置、姿态变化等信息。常见的动作捕捉技术包括光学式、惯性式、机械式等多种类型。其中，光学式动作捕捉利用多台高速摄像机对人体上的反光标记进行跟踪定位，具有精度高、限制小等优势；惯性式动作捕捉通过惯性传感器直接测量人体关节的角度变化，具有便携灵活、适用范围广等特点。

在虚拟现实系统中，动作捕捉技术的应用极大地丰富了人机交互的方式和内容。用户可以通过自然的身体动作与虚拟环境进行互动，如通过手势操控虚拟物体、用肢体动作控制虚拟角色等。这种身临其境的交互方式打破了传统人机交互的局限，让用户能够更加直观、流畅地感知和操控虚拟世界。同时，动作捕捉技术可以将用户的动作实时映射到虚拟角色上，使其动作与真人高度同步，从而获得更加逼真的沉浸感和代入感。

动作捕捉技术的引入，为虚拟现实内容制作带来了新的可能。利用动作捕捉数据，创作者可以快速生成逼真的虚拟角色动画，大大提高了内容制作的效率和质量。捕捉到的真实动作数据可以直接应用于虚拟人物，使其动作更加自然流畅、富有表现力。特别是在影视、游戏等领域，动作捕捉技术已成为创作高品质虚拟角色的重要手段。优秀的动作捕捉数据不仅能还原演员的精湛表演，还能激发虚拟角色的生命力，为作品注入灵魂。

二、虚拟现实技术的特征

（一）沉浸式体验

沉浸式体验是虚拟现实技术的核心特征之一，它打破了时空限制，让用户身临其境地感受虚拟世界的魅力。在沉浸式虚拟环境中，用户的感官系统被全方位调动，视觉、听觉、触觉等多种感知通道相互配合，营造出高度逼真的现实感。这种多感官的融合不仅增强了虚拟场景的真实性，更激发了用户的情感共鸣和行为反馈，使其完全沉浸在虚拟世界之中，获得前所未有的体验。

从技术层面来看，沉浸式体验的实现依赖于多种关键技术的协同作用。首先，高性能的计算机图形学和实时渲染技术为构建逼真的虚拟场景提供了基础。通过对三维模型、纹理贴图、光照效果等要素的精细处理，虚拟场景能够呈现出栩栩如生的视觉效果，让用户产生身临其境之感。其次，立体显示技术的应用进一步增强了沉浸感。通过为左右眼分别提供略有差异的图像，立体显示设备能够模拟人眼的双目视差，营造出具有深度感的立体画面，使虚拟物体呈现出更加真实的空间感。此外，动作捕捉技术的引入让用户能够通过自然的身体动作与虚拟环境进行交互。借助专门的传感器和算法，用户的肢体动作、手势变化能够被实时捕捉并映射到虚拟角色上，从而实现人机交互的自然化和直观化。

沉浸式体验不仅革新了人们感知世界的方式，更为诸多领域的应用开辟了崭新的道路。在教育领域，沉浸式学习环境能够打破传统课堂的时空限制，让学生身临其境地探索知识的海洋。无论是亲临历史现场还是深入微观世界，沉浸式技术都能为学生提供生动、直观的学习体验，激发其学习兴趣和探究热情。在文化传承领域，沉浸式展示为文物古迹的数字化保护和传播提供了新的途径。通过将历史遗存、非物质文化遗产等内容融入到虚拟场景之中，观众能够身临其境地感受传统文化的魅力，加深对历史的理解和情感认同。在医疗领域，沉浸式模拟训练系统已经成为提升医务人员应急处置能力的有效手段。医生可以在逼真的虚拟手术环境中进行反复训练，提高操作精准度，积累临床经验，为实际医疗工作奠定坚实基础。

（二）交互性

与单向传递信息的传统媒体不同，虚拟现实技术支持用户与虚拟环境进行实时、双向的交互。这种交互性不仅增强了用户的参与感和沉浸感，更为其主动探索虚拟世界提供了可能。

在虚拟现实系统中，用户可以通过各种输入设备，如数据手套、体感控制器等，与虚拟环境进行多种形式的交互。例如，用户可以通过手势和动作控制虚拟对象，改变视角与移动位置，甚至触发特定的事件和场景切换。这种自然、直观的人机交互方式，使得用户能够以更加真实的方式体验虚拟世界。

交互性不仅提升了虚拟现实的娱乐性和体验感，更为其在教育、培训等领域的应用奠定了基础。在虚拟现实教学中，学生不再是被动的知识接受者，而是学习过程的主动参与者。他们可以通过人机交互方式探索虚拟场景，动手操作虚拟实验，甚至与虚拟人物进行对话交流。这种沉浸式、交互式的学习方式，有助于激发学生的学习兴趣，加深他们对知识的理解和掌握。

在徽州古建技艺的数字化再生中，虚拟现实技术的交互性发挥着关键作用。通过虚拟现实平台，用户能够身临其境地欣赏徽州古建之美，体验传统工艺的精湛技艺。更重要的是，用户还可以通过人机交互方式探索古建筑的结构、材料和工艺流程，甚至亲自模拟操作传统工具对古建筑进行建造。这种沉浸式的交互体验，不仅让古建技艺更加生动、立体地呈现在大众面前，更有助于唤起人们对传统文化的重视和传承意识。

三、虚拟现实技术的应用领域

虚拟现实技术作为一种革命性的人机交互方式，正在教育、医疗、文化传承等领域展现出广阔的应用前景。

（一）教育领域

虚拟现实技术为学生提供了身临其境的学习体验，打破了传统课堂教学的时空限制。学生可以借助虚拟现实设备，沉浸式地探索微观世界、宇宙空间等难以触及的领域，直观地感受抽象概念和复杂过程，从而加深对知识的理解与掌握。同时，虚拟现实技术能够创设逼真的训练场景，让学生在安全的虚拟环境中反复操作、练习，提高实践能力。这种沉浸式、交互式的学习方式，不仅能激发学生的好奇心和学习兴趣，更有助于培养他们的创新思维及问题解决的能力。

（二）医疗领域

虚拟现实技术正在重塑医学教育和临床诊疗的模式。医学院校可以利用虚拟现实系统，为学生构建栩栩如生的人体解剖模型，让其透过皮肤、肌肉、骨骼，深入观察人体内部结构。在临床培训中，虚拟现实技术可以模拟手术过程，让医生在虚拟手术台上反复演练，提高手术技能和应对突发状况的能力，降低真实手术的风险。此外，虚拟现实技术还被用于康复治疗、心理咨询等领域，通过营造安全、舒适的虚拟场景，帮助患者缓解焦虑、恐惧等负面情绪，加速他们的康复进程。

（三）文化传承领域

虚拟现实技术为历史文化遗产的保护与传播开辟了新的路径。通过三维建模、动作捕捉等技术，古建筑、壁画、雕塑等珍贵文物可以被数字化再现，甚至“复活”在虚拟空间中。观众戴上 VR 头盔，就能在历史长河中漫步，身临其境地感受不同时代的建筑风格、生活场景，倾听古人的智慧。这种沉浸式的文化体验，不仅能满足人们探索历史、了解先贤的好奇心，更能唤起人们对民族文化的认同感和自豪感。同时，将文化遗产数字化保存，可以为后世研究、传承提供宝贵的资料，从而延续文化的生命力。

四、基于虚拟现实技术的徽州古建技艺数字化再生

（一）虚拟现实技术在徽州古建数字化中的应用

虚拟现实技术的应用为徽州古建技艺的数字化再生提供了新的途径和可能。通过三维重建、虚拟漫游等技术手段，徽州古建的建造工艺、空间布局、装饰艺术等得以在数字世界中完整再现。利用激光扫描、摄影测量等数据采集技术，研究人员可以高精度、全方位地记录古建筑的几何信息和纹理特征，并在此基础上构建三维模型。这一过程不仅能够真实再现古建筑的外观形态，更能通过参数化建模的方式，阐释其内在的营造法则和美学理念。

在三维重建的基础上，虚拟漫游技术进一步拓展了徽州古建数字化的应用维度。借助沉浸式显示设备和人机交互技术，用户能够身临其境地游览古建筑的虚拟场景，全面感知其空间布局和氛围营造。这种身临其境的体验不仅能够加深人们对徽州古建艺术的理解和欣赏，更能唤起人们对传统建筑文化的情感共鸣。同时，虚拟漫游为徽州古建的教学与传播提供了新的平台。建筑学专业的学生可以在虚拟场景中反复观摩研究，领悟前人的智慧；普通大众也能通过生动直观的方式，了解和欣赏这一宝贵的文化遗产。

虚拟现实技术在徽州古建数字化中的应用，不应局限于简单的复原和再现。事实上，通过数字化手段，可以突破物理空间的限制，从而以崭新的视角解构和阐释传统营造技艺的精髓。例如，利用虚拟现实技术，研究人员可以将徽州建筑的木构架、砖石基础、装饰彩绘等加以分解，揭示其内在的逻辑关系和组合规律。又如，通过对古建筑光影、声音等要素的模拟，再现不同时间、不同季节下建筑的意境变化，感悟其中蕴藏的诗情画意。

虚拟现实技术与其他数字技术的融合（如增强现实、3D 打印等），为徽州古建数字化带来更多的创新可能。增强现实技术可以将虚拟的古建筑信息无缝叠加到现实场景之中，实现虚实互动、信息即时获取；而 3D 打印技术可以将数字模型转化为实体构件，为古建筑的修缮和衍生创作提供参考。随着数字技术的日益进步，徽州古建技艺的传承和弘扬必将迎来全新的机遇与挑战。

（二）虚拟现实技术助力徽州古建技艺的传承

虚拟现实技术为徽州古建技艺的数字化再生提供了新的思路和方法。通过沉浸式体验，虚拟现实技术能够打破时空限制，让古建筑“活”起来，使人们

身临其境地感受徽州古建的魅力。

虚拟现实技术的关键在于营造逼真的虚拟场景和实现实时交互。通过三维建模和实时渲染技术，可以精细再现徽州古建的建筑结构、装饰细节和材质肌理，构建高度逼真的虚拟环境。而立体显示技术能够为用户提供仿佛置身于古建筑之中的视觉体验。同时，动作捕捉技术的应用使得人机交互成为可能，用户可以通过手势、动作等方式与虚拟场景进行实时互动，主动探索古建筑的奥秘。

在徽州古建技艺的数字化再生中，虚拟现实技术发挥着不可替代的作用。首先，它能够全面、立体地展示古建筑的整体风貌和细部特征，包括建筑布局、结构形式、装饰纹样等，为研究人员提供直观、真实的研究对象。其次，虚拟现实技术能够模拟古建筑的营造过程，再现古代工匠的建造技艺，揭示传统营造工艺的奥秘，为技艺传承提供新的途径。此外，借助虚拟现实技术，人们可以“穿越”时空，在虚拟场景中漫游徽州古建筑，感受其独特的建筑魅力和历史文化氛围，激发人们对传统文化的兴趣和热爱，从而助力徽州古建技艺的传承。

虚拟现实技术的应用，不仅能够促进徽州古建技艺的保护和传承，还能够创新传统技艺的展示方式，提升其传播效果。通过沉浸式体验，虚拟现实技术直观、生动地向公众展示古建筑之美，引导人们主动探索、感悟传统文化的内涵。同时，虚拟现实场景可以与文字、图像、音频等多种媒体相结合，构建丰富多彩的数字化展示内容，满足不同受众的需求，扩大传统技艺的受众群体。

第三节　增强现实技术

一、增强现实技术的核心技术原理

（一）实时跟踪定位

实时跟踪定位是增强现实技术中的核心环节之一，它通过视觉跟踪和传感器融合实现虚拟信息与真实场景的精确配准。在徽州古建技艺的数字化再生中，实时跟踪定位技术发挥着关键作用。

视觉跟踪是实现实时跟踪定位的重要手段，它利用计算机视觉算法，对摄像头采集的图像进行实时分析，提取特征点并估计相机的位姿。常用的视觉跟踪算法包括基于特征点的方法（如尺度不变特征转换），以及基于轮廓的方法（如边缘检测）。通过不断优化和改进这些算法，可以提高视觉跟踪的鲁棒性和实时性，从而为虚拟信息的精确配准奠定基础。

传感器融合是实时跟踪定位的另一重要技术手段，现代增强现实系统通常集成了多种传感器，如惯性测量单元、全球定位系统、深度相机等。这些传感器可以提供位置、姿态、深度等不同维度的信息，互为补充。传感器融合算法可以将这些异构数据进行优化组合，克服单一传感器的局限性，提升跟踪定位的准确性和鲁棒性。比如，视觉惯性融合算法可以利用惯性测量单元数据对视觉跟踪结果进行优化，抑制累积漂移误差。

在徽州古建技艺的数字化再生场景中，实时跟踪定位技术可以赋予虚拟古建筑构件准确的空间位置，使其与真实场景无缝衔接。通过视觉跟踪，系统可以实时分析用户视角下的场景图像，识别预设的特征点或标记。同时，传感器融合算法可以综合视觉、惯性测量单元等多源数据，计算出精确的相机位姿。在此基础上，虚拟的古建筑构件模型可以被准确地渲染叠加到真实场景中，实现三维注册。用户在移动的过程中，跟踪定位算法会实时更新位姿估计，保证虚拟信息与真实场景同步。

实时跟踪定位技术还可以支持交互操作。通过对用户手势、凝视点等交互信号的捕捉和识别，系统可以实现自然的人机交互。例如，用户可以通过手势选择虚拟构件，通过注视控制界面，等等。这些交互方式的实现同样离不开实时、精确的跟踪定位。

（二）三维建模与注册

三维建模与注册是增强现实技术的核心，旨在将虚拟信息无缝集成到现实环境中，营造身临其境的感官体验。三维建模是构建逼真的虚拟对象模型的过程，通过对物体的几何形状、纹理、光照等属性进行精细刻画，使其在视觉上与真实物体难以区分。注册则是一种空间映射技术，它利用计算机视觉和传感器融合等方法，实时计算虚拟对象与真实场景之间的位置关系，使虚拟信息能够准确叠加到指定位置，并随着视角的变化而动态调整。

三维建模与注册的实现依赖于一系列关键技术。首先是三维重建技术，它通过对物体多角度拍摄获得的图像序列进行分析，提取特征点并计算空间坐标，从而重构出物体的三维模型。这一过程需要运用计算机视觉、图像处理等领域的前沿算法，如结构光扫描、双目立体视觉等。此外，为了提高建模效率和精度，还可以利用深度学习技术自动进行特征提取和语义分割，大幅简化建模流程。

在注册方面，视觉跟踪是实现动态配准的关键。通过对连续图像帧中的特征点进行提取和匹配，可以估计出相机的运动轨迹和姿态变化，进而推断出虚拟对象相对于真实场景的空间位置。常用的视觉跟踪算法包括基于特征点的方法（如即时定位与地图构建）、基于轮廓的方法（如边缘检测）等。同时，惯性传感器（如陀螺仪、加速度计等）也被广泛用于辅助视觉跟踪，通过多传感器融合可以进一步提高注册的鲁棒性和实时性。

三维建模与注册技术的发展极大地推动了增强现实在文化遗产保护与传承领域的应用。以徽州古建筑为例，利用三维重建技术可以为古建筑构件建立精细的数字化模型，通过亿点云数据展现砖瓦石雕的纹理细节，通过三维动画模拟屋顶的荷载变形。将这些虚拟模型与古建筑遗址现场进行精确配准，观众即可通过增强现实设备观察到古建筑原貌，了解其结构原理。同时，三维注册技术为非遗技艺的可视化传承提供了新的可能。通过动作捕捉等方式记录非遗传承人的操作过程，再将其映射到虚拟人物模型上，学习者可以在现场模仿工艺动作，感受传统技艺的魅力。

（三）人机交互

在增强现实技术中，人机交互是一个关键环节，它直接影响着用户的沉浸感和体验质量。传统的人机交互方式（如键鼠操作、触摸屏输入等），虽然简单易用，但是难以营造身临其境的感觉。增强现实技术则通过引入自然的交互方式，让用户以更加直观、便捷的方式与虚拟信息进行互动，从而大大提升了用户的沉浸感。

在增强现实场景中，常见的自然交互方式包括手势交互、语音交互、眼球追踪等。手势交互利用计算机视觉技术捕捉并识别用户的手部动作，将其转化为对虚拟对象的操控。用户可以通过挥手、点击、缩放等手势来选择、移动、缩放虚拟物体，就像在现实世界中操纵真实物体。这种交互方式直观易懂，符合人们日常生活中的交互习惯，因此易于上手。语音交互则利用语音识别技术，让用户通过口头指令来控制虚拟对象或发出查询请求。这种免提的交互方式尤其适用于需要双手操作其他任务的场合，如工业装配、医疗手术等。眼球追踪技术则通过捕捉用户的眼球运动，判断其注视点和兴趣所在，从而实现更加智能、精准的信息呈现和交互响应。

除了模拟自然交互，增强现实技术还可以创造全新的交互方式，突破现实世界的限制。例如，在虚拟装配场景中，用户可以利用虚拟手柄等工具，以非真实但更高效的方式进行装配操作。又如，在建筑设计场景中，设计师可以通过手势和语音快速调整建筑模型的尺寸、材质、布局等，提高设计效率。再如，在游戏场景中，增强现实技术可以将用户的肢体动作与虚拟角色进行映射，创造出更加真实、刺激的游戏体验。

自然的交互方式不仅能提升用户的沉浸感，还能降低学习成本，扩大增强现实技术的应用范围和用户群体。对于普通用户而言，无须专门学习复杂的操作，就能轻松上手，享受增强现实技术带来的神奇体验。而对于特殊用户群体（如老年人、儿童、残障人士等），自然的交互方式无疑更加友好和适配。这有助于增强现实技术的普及，让更多人受益其中。

在徽州古建技艺的数字化再生中，自然交互技术可以发挥重要作用。通过手势交互，用户可以近距离观察古建筑构件的细节，360 度旋转欣赏其立体形态，全面感受其技艺之美。语音交互则可以用于查询构件名称、制作工艺等信息，或控制场景切换、听取讲解等。眼球追踪技术则可以捕捉用户的兴趣点，进行智能化的信息推送和交互引导。此外，还可以开发基于肢体动作捕捉的互动游戏，让用户身临其境地体验传统营造技艺，感受先人的智慧。

二、增强现实技术的硬件基础

（一）显示设备

在增强现实技术的硬件基础中，显示设备扮演着至关重要的角色。它是虚拟信息与现实场景无缝融合的关键载体，直接影响着用户的沉浸感和交互体验。目前，增强现实头盔和智能眼镜是两类主流的沉浸式显示设备，其独特的工作原理和性能特点值得我们深入探讨。

增强现实头盔采用头戴式设计，将显示屏幕置于用户双眼前方，通过光学系统将虚拟图像投射到用户视野中，营造出虚实融合的立体感受。这类设备通常配备多个摄像头和传感器，能够实时捕捉和分析周围环境信息，从而精确地将虚拟内容叠加到相应位置。同时，增强现实头盔具备广阔的视场角和高分辨率显示，使得虚拟物体呈现更加细腻逼真，提升用户的临场感。但是，头盔体积较大，长时间佩戴可能会给用户带来一定的负担。

智能眼镜则以类似普通眼镜的轻便形态，将微型投影仪和光波导技术巧妙结合。它利用半透明光学组件将虚拟图像投射到用户视网膜上，使其与真实世界叠加，实现了虚实信息的无缝融合。智能眼镜的显示视场相对较小，但胜在佩戴舒适，不会对日常活动造成太大干扰。同时，得益于先进的光学设计，智能眼镜能够呈现出色彩鲜明、对比度高的画面效果，使虚拟内容与现实场景的过渡更加自然。

随着微显示技术的不断进步，增强现实显示设备的性能和体验也在持续优化。一方面，新型的微型投影仪和光波导方案不断涌现，带来了更高的光学透过率和色彩还原度；另一方面，先进的光学材料和镜片设计大大减轻了设备的重量，延长了续航时间。这些技术的突破为沉浸式显示设备的广泛应用奠定了坚实基础。

增强现实显示设备的创新发展，为徽州古建技艺的数字化再生提供了全新的可能性。通过佩戴增强现实头盔或智能眼镜，用户能够身临其境地欣赏古建筑的精美构件、感受传统营造技艺的独特魅力。虚拟信息的叠加不仅丰富了古建筑的展示内容，更为非遗传承提供了生动直观的教学手段。沉浸式显示让古建知识的学习变得更加立体、有趣，激发了人们探索和传承传统文化的热情。

（二）跟踪设备

跟踪设备是增强现实技术实现精准定位和虚实叠加的硬件基础。其中，视觉跟踪和惯性跟踪是两类典型的跟踪定位技术。视觉跟踪通过光学传感器捕捉真实环境的视觉信息，利用计算机视觉算法分析图像特征，实时计算出摄像头的空间位姿，从而确定虚拟对象在真实场景中的准确位置。这一过程需要克服光照变化、视角遮挡等诸多干扰因素，对跟踪算法的鲁棒性提出了较高要求。同时，视觉跟踪面临着实时性与精度的平衡问题，需要在有限的计算资源下实现高效、精准的跟踪定位。

与视觉跟踪不同，惯性跟踪主要依靠惯性测量单元（IMU）获取设备的角速度和加速度信息，通过积分运算估计其运动轨迹和姿态变化。惯性跟踪具有高频响应、不受遮挡影响等优点，但惯性传感器存在累积漂移误差，长时间运行会导致定位精度逐渐降低。因此，实际应用中常常采用视觉跟踪与惯性跟踪相结合的方式，通过多传感器数据融合实现鲁棒、高精度的跟踪定位。

在徽州古建技艺的数字化再生中，精准的跟踪定位是构建沉浸感和交互性的关键。通过视觉跟踪技术，可以准确识别徽州古建的特征点，实现虚拟信息与真实场景的精确配准，营造出身临其境的观察体验。惯性跟踪能够实时捕捉用户的头部运动，使虚拟场景随着视角变化而自然变换，增强交互的真实感。同时，结合视觉和惯性跟踪的优势，可以实现在大范围场景下的稳定跟踪，为徽州古建筑构件的数字化展示和工艺的可视化模拟提供可靠的技术支撑。

（三）交互设备

在增强现实技术中，交互设备扮演着至关重要的角色，它们是实现用户与虚拟信息无缝互动的关键组成部分。语音、手势、眼球等多种交互设备的应用，极大地丰富了增强现实技术的交互方式，为用户提供了更加自然、直观、高效的人机交互体验。

1. 语音交互

语音交互是一种备受关注的交互方式，它利用语音识别技术，使用户能够通过口头指令与虚拟对象进行交互。在增强现实场景中，用户可以通过简单的语音命令实现对虚拟信息的查询、选择、操作等，大大简化了交互过程。例如，在增强现实导航应用中，用户只须说出目的地，系统就能自动规划路线并提供实时导航服务。语音交互的引入，使得用户无须通过复杂的手动操作，即可实现与虚拟信息的便捷交互。

2. 手势交互

手势交互提供了一种更加直观、自然的交互方式，用户可以通过熟悉的手势操作，轻松地与虚拟信息进行交互。利用手势识别技术，通过捕捉和分析用户的手部运动，实现人机交互。在增强现实手势交互环境下，用户可以通过手势控制虚拟对象，如缩放、旋转、移动等。例如，在增强现实游戏中，玩家可以通过手势控制游戏角色的移动和攻击，获得身临其境的游戏体验。手势交互打破了传统交互设备的局限，为用户带来了更加沉浸式的交互体验。

3. 眼球交互

眼球交互是一种新兴的交互技术，它通过眼动追踪技术实现人机交互。在增强现实场景中，眼球交互可以捕捉用户的视线焦点，并根据视线位置触发相应的交互操作。这种交互方式极大地提高了交互效率，用户只须通过视线移动，即可实现与虚拟信息的交互。例如，在增强现实教育应用中，学生注视感兴趣的虚拟教学内容，系统会自动显示相关的详细信息。眼球交互提供了一种无接触、高效的交互方式，为用户带来了全新的交互体验。

三、增强现实技术的软件基础

（一）三维建模软件

三维建模软件是增强现实技术实现徽州古建技艺数字化再生的重要基础。它不仅为虚拟场景中的古建筑构件提供了精准、细致的数字化呈现，更是古建筑工艺流程模拟的关键工具。通过专业的三维建模软件，古建专家和数字化技术人员能够协同构建出栩栩如生的徽州古建数字模型，为保护和传承这一珍贵的文化遗产提供新的技术手段。

在三维建模软件的支持下，研究人员能够以前所未有的精度捕捉和记录徽州古建的结构、材质、纹理等关键信息。借助三维激光扫描、摄影测量等数字化采集技术获取的海量数据，通过三维建模软件的处理和优化，最终形成精准的数字化三维模型。这些模型不仅完整再现了徽州古建的建筑风貌，更能够体现其独特的营造技艺和美学价值。

在古建筑构件数字化再现方面，三维建模软件发挥着不可或缺的作用。徽州古建以其精巧的木构框架和细致入微的装饰工艺著称。通过对斗拱、雀替、垂花等典型构件进行高精度三维建模，研究人员能够全面分析其几何特征和结构原理，并在虚拟环境中模拟其装配及受力状态。这不仅有助于加深对传统营造技艺的理解，更为古建筑构件的数字化制造和再现提供了基础。

在工艺流程模拟方面，三维建模软件同样发挥着关键作用。通过构建古建施工场景的三维模型，研究人员能够在虚拟环境中模拟木构加工、榫卯制作、构件安装等关键工序，展示传统工匠的智慧。借助物理引擎和仿真算法，三维建模软件能够逼真地再现构件的受力变形、运动轨迹等物理特性，为深入研究徽州古建营造工艺提供新的视角和路径。

（二）跟踪与配准算法

跟踪与配准算法是实现虚拟信息与真实场景无缝融合的关键技术。它通过对真实环境的连续跟踪和虚拟对象的实时配准，使计算机生成的虚拟信息能够准确、稳定地叠加在真实场景中，从而创造出身临其境的沉浸式体验。

在增强现实系统中，跟踪算法负责实时获取用户的位置和姿态信息，以确定虚拟对象在真实场景中的空间位置。常见的跟踪技术包括基于计算机视觉的特征点跟踪、基于惯性传感器的运动跟踪，以及两者的融合跟踪。其中，特征点跟踪通过提取和匹配图像中的显著特征，估计相机的运动参数；惯性跟踪则利用陀螺仪和加速度计等惯性传感器，测量设备的角速度和加速度，并通过积分计算出其位置和姿态；融合跟踪则结合视觉和惯性信息，通过卡尔曼滤波等算法实现更加鲁棒和精确的跟踪效果。

配准算法负责将虚拟对象准确地注册到真实场景中，使其能够与真实环境形成无缝衔接。这一过程需要建立虚拟坐标系与真实坐标系之间的映射关系，并实时更新虚拟对象的位置、尺度和旋转等参数。常用的配准方法包括基于特征点的配准、基于边缘的配准和基于模型的配准等。基于特征点的配准通过匹配虚拟对象和真实场景中的对应特征点，估计出两个坐标系之间的变换矩阵；基于边缘的配准则利用物体轮廓信息，通过最小化虚拟边缘与真实边缘之间的距离，优化虚拟对象的位姿参数；基于模型的配准则使用预先建立的三维模型，通过最小化模型与真实场景之间的误差，实现高精度的配准效果。

跟踪与配准算法的性能直接影响着增强现实应用的用户体验和实用价值。一个理想的跟踪与配准系统应该具备高精度、低延迟、鲁棒性强等特点。为了实现这一目标，研究人员不断探索新的算法和优化技术，如采用深度学习方法提高特征提取和匹配的精度，引入边缘计算和云渲染等技术降低系统延迟，设计自适应的跟踪和配准策略增强算法的鲁棒性。

在徽州古建技艺的数字化再生中，跟踪与配准技术扮演着至关重要的角色。通过对古建筑遗存的精确跟踪和虚拟构件的实时配准，可以在真实场景中动态呈现古建筑的原貌，让游客身临其境地感受徽州古建的魅力。同时，利用跟踪与配准技术，可以在虚拟空间中模拟古建营造的过程，展示木构件的选材、加工、安装等传统工艺，让非物质文化遗产以数字化的方式得以传承和弘扬。

（三）增强现实开发工具

在徽州古建技艺的数字化再生过程中，增强现实开发工具发挥着至关重要的作用。这些面向增强现实应用的软件开发包和引擎，为古建筑构件的三维呈现、传统营造工艺的交互式模拟，以及沉浸式的徽州古建知识学习提供了强大的技术支撑。

增强现实开发工具通常包括一系列用于创建增强现实应用的软件库、框架和集成开发环境。其中，Unity 3D 和 Unreal Engine 等游戏引擎凭借其强大的图形渲染能力和灵活的开发接口，已经成为增强现实应用开发的主流平台。利用这些工具，开发人员可以便捷地将徽州古建的三维模型导入到增强现实场景中，并通过视觉跟踪和空间映射技术，实现虚拟构件与真实环境的精确配准和实时互动。

对于徽州古建营造工艺的数字化模拟，增强现实开发工具提供了丰富的交互功能和逼真的物理引擎。通过手势识别、语音控制等自然交互方式，用户可以在虚拟场景中亲历木构架的搭建、砖石的堆砌、雕刻的施工等传统营造过程。物理引擎则可以模拟构件的受力状态和材料属性，使虚拟工艺场景更加符合物理规律，增强用户的代入感和信任感。

在徽州古建知识的沉浸式学习方面，增强现实开发工具可以帮助创建身临其境的学习情境。利用环境理解技术，学习者可以将虚拟的古建筑构件和工艺流程无缝融入现实环境中，并通过实时标注、动画演示、语音解说等方式，深入了解其结构原理、营造方法和文化内涵。同时，基于增强现实的交互设计，可以激发学习者的探究欲望和创造潜力，引导其主动参与知识的构建和技艺的传承。

四、基于增强现实技术的徽州古建技艺数字化再生

（一）古建筑构件的数字化呈现

在徽州古建技艺的数字化再生中，增强现实技术为古建筑构件的数字化呈现提供了全新的途径。通过将虚拟的三维模型与真实场景无缝融合，增强现实技术使得古建筑构件的精美细节和结构特征得以直观、立体地展现在人们眼前。这种沉浸式的呈现方式，不仅能加深人们对徽州古建艺术的认知和理解，更有助于激发人们对传统技艺的兴趣与热爱。

利用增强现实技术进行古建筑构件数字化呈现的首要任务，是构建高精度、高仿真的三维模型。这需要运用三维扫描、摄影测量等先进的数字化采集技术，对古建筑构件的几何信息、纹理特征等进行精细采集和记录。在此基础上，通过三维建模软件对采集到的数据进行处理和优化，最终生成栩栩如生的虚拟模型。值得一提的是，在构建模型的过程中，还需要充分考虑增强现实场景中的光照条件、视角变化等因素，以确保虚拟模型能够与真实环境实现自然、逼真的融合。

古建筑构件三维模型构建完成后，需要将其导入增强现实系统中，并与真

实场景进行精确配准。这一过程需要用到增强现实技术的核心原理，即实时跟踪定位和三维建模与注册技术。系统首先通过视觉跟踪算法对真实场景中的特征点进行提取和识别，确定相机的位姿信息。同时，利用空间映射技术建立虚拟模型和真实场景之间的对应关系。在此基础上，系统可以根据用户的视角变化实时调整虚拟模型的位置和姿态，使其与真实场景保持高度一致，营造出虚实融合的视觉效果。

增强现实技术不仅能够实现古建筑构件的三维可视化呈现，还能够支持用户与虚拟模型的实时交互。借助于自然的人机交互方式（如手势、语音等），用户可以对虚拟的古建筑构件进行全方位的观察和操作。例如，用户可以通过手势放大、缩小、旋转模型，以便更加细致地了解构件的细部特征；又如，用户可以通过语音指令调出构件的相关信息，如材质、尺寸、纹饰含义等，从而加深对构件的认知和理解。这种交互式的呈现方式，不仅能够满足用户的探索欲和好奇心，更能促进其主动思考、学习，真正实现寓教于乐。

增强现实技术在古建筑构件数字化呈现中的应用，极大地丰富和创新了徽州古建技艺的传承方式。通过将先进的数字技术与传统工艺相结合，不仅能够突破时空的限制，让更多人欣赏到徽州古建的精妙绝伦，更能够唤起人们对优秀传统文化的认同感和自豪感。同时，这种创新的数字化呈现方式，为徽州古建技艺的保护和传承提供了新的路径。通过建立起完整、系统的古建筑构件数字档案，不仅能够为古建筑的修缮和重建提供可靠的依据，更能够为后世研究徽州建筑艺术留下宝贵的历史资料。

（二）古建工艺的可视化模拟

增强现实技术为古建工艺的可视化模拟开辟了广阔空间。通过将虚拟的古建模型与真实场景无缝融合，增强现实技术使得徽州传统建筑的建造过程得以生动呈现。学习者可以身临其境地观察木构件的榫卯结构、砖石砌筑的方法，以及斗拱、彩绘等装饰工艺的施工细节。这种沉浸式的体验不仅能加深学习者对古建工艺的理解，更能激发其探索传统技艺的兴趣。

与传统的图文、视频等学习资料相比，基于增强现实技术的可视化模拟具有独特优势。首先，增强现实技术能够充分利用空间信息，使学习者从多角度观察古建筑构件的三维结构和空间关系。这有助于学习者形成立体化的认知，突破二维平面的局限。其次，可视化模拟能够动态展示古建营造的全过程，包括构件加工、现场布置、榫卯连接等关键环节。学习者可以跟随虚拟场景中工匠的操作，了解每个步骤的技术要点和规范要求。最后，增强现实场景可以嵌入大量的文字说明、语音解说等多媒体信息，为学习者提供丰富的背景知识和专业指导。学习者能够随时查阅相关资料，消除理解障碍。

增强现实技术还为古建工艺的传承和创新提供了新的可能，通过可视化模拟，非遗传承人可以直观地向学徒展示传统营造的精妙之处，传授手工技艺的窍门。一些濒危工艺的施工过程也能够以数字化方式得以永久保存，供后人学习和研究。当代建筑师、设计师也可以在虚拟场景中推演新的构造方案、装饰风格，在传承的基础上推陈出新。这种创新不仅不会对真实古建筑造成破坏，还能极大地拓展艺术创作的自由度。

未来，随着增强现实技术的不断成熟和普及，古建工艺的可视化模拟必将迎来更加广阔的应用前景。一方面，可视化模拟能够走出实验室，融入到博物馆、古建园区的展陈体系之中。参观者可以借助增强现实设备，在游览古建筑的同时了解其背后的营造技艺，获得更加立体、更加深入的文化体验。另一方面，增强现实技术将成为建筑教育的重要手段。建筑院校可以利用可视化模拟，创设近似实践的训练环境，提高学生的动手能力和专业素养。一些前沿性的研究课题（如古建筑构件的参数化设计、机器人施工等），也可以在虚拟场景中进行探索和测试。

（三）古建知识的沉浸式学习

古建知识的沉浸式学习，是利用增强现实技术营造身临其境的学习体验，让学习者全方位感知徽州古建的精妙技艺。增强现实技术以其虚实结合的特性，为传统古建知识的传承和创新提供了崭新路径。

在增强现实构建的虚拟场景中，学习者可以360度全景式观察徽州古建的立体结构，细致了解斗拱、雀替等精巧构件的制作工艺。借助三维建模和动态模拟，古建营造的整个过程在学习者眼前徐徐展开，使梁架如何搭设、木构件如何榫卯连接等传统技艺栩栩如生。学习者还能与虚拟场景进行实时互动，亲手操作工具，体验营造工序，在沉浸式的探索中获得身临其境之感。

增强现实技术不仅还原了古建营造的场景，更突破了时空限制，将散落在古籍、遗构中的古建知识串联贯通。徽州木构件的制作尺度、斗拱的类型演变、梁架体系的力学原理……这些隐藏在抽象数据和图纸背后的知识，透过增强现实技术化为鲜活的视听感受，使学习者对木构架传统智慧有更加立体、系统的认知。

此外，增强现实技术还能模拟建造过程中可能遇到的问题，引导学习者动手解决问题，在改正错误过程中不断优化方案，培养发现问题、解决问题的能力。学习者置身其中，在虚拟与现实的交织中形成身临其境之感，调动起探索的主动性，收获难忘的沉浸式学习体验。

第四节　数字图像处理技术

一、数字图像的基本概念

（一）定义与组成

数字图像是由像素点阵构成的离散化图像，它是通过对连续的模拟图像进行采样和量化处理而得到的。每一个像素都有其特定的位置坐标和灰度或色彩值，这些像素按照一定的排列方式形成二维矩阵，从而构成完整的数字图像。与模拟图像相比，数字图像具有易于存储、处理和传输的独特优势。

数字图像的基本组成单位是像素，它代表了图像中的最小单位。一幅数字图像实际上是由成千上万个像素点阵按照特定规则排列而成的。像素的多少决定了图像的分辨率，像素数量越多，图像的分辨率就越高，表现出的细节也就越丰富。每个像素不仅包含其位置信息，还蕴含着丰富的视觉信息。对于灰度图像而言，每个像素的取值表示该点的明暗程度；对于彩色图像，每个像素由红、绿、蓝三个分量的组合来表示其色彩。正是这些看似简单的像素点阵，构成了我们所见的丰富多彩的数字图像世界。

数字图像的获取依赖于数字成像设备，如数码相机、扫描仪等。这些设备通过光电转换、模数转换等一系列处理，将连续的模拟图像转化为离散的数字图像。在这个过程中，采样和量化是两个关键步骤。采样决定了图像的空间分辨率，即单位长度内的像素数量；量化则决定了每个像素的颜色深度，即可表示的灰度或色彩级别。采样频率和量化级别的选择直接影响数字图像的质量，太低会导致图像失真，太高则会占用过多存储空间。因此，如何权衡采样和量化参数，获取高质量的数字图像，是数字图像处理中一个重要的研究课题。

数字图像的存储和传输离不开图像压缩技术。由于数字图像通常包含大量数据，直接存储和传输会占用大量的空间和带宽资源。图像压缩就是通过去除图像中的冗余信息，在保证一定图像质量的前提下，尽可能减小图像数据量的技术。常见的图像压缩方法包括无损压缩和有损压缩两大类。无损压缩在压缩过程中不会引入任何失真，但压缩比相对有限；有损压缩则通过舍弃人眼不敏感的高频细节，获得更高的压缩比，但会引入一定的失真。选择合适的压缩方法和参数，在图像质量和数据量之间取得平衡，是图像压缩领域一直探索的方向。

（二）分类

数字图像根据其特性和用途可以分为多种类型，最常见的有灰度图像、彩色图像和二值图像。灰度图像是指只包含黑白像素的图像，每个像素点的取值表示其灰度级别。灰度级别通常用 0～255 的整数表示，0 对应纯黑色，255 对应纯白色，中间值则表示不同深浅程度的灰色。灰度图像广泛应用于科学研究和工程实践领域，如医学影像、遥感图像分析等，因为它们能够有效地表现物体的明暗变化和纹理特征。

相比之下，彩色图像则包含了色彩信息。在 RGB 色彩模型下，每个像素点由红、绿、蓝三个分量的组合表示，各分量按照不同比例混合出丰富多彩的颜色。彩色图像能够更加真实、生动地再现人眼所感知的物体色彩，在数字媒体、广告设计等领域有着广泛的应用。但彩色图像的数据量较大，对存储和处理的要求更高。因此，在一些对色彩要求不高的应用场合（如文档图像处理），灰度图像往往是更好的选择。

二值图像是一种特殊的灰度图像，它的像素值只有 0 和 1 两种取值，分别代表黑色和白色。这种图像常用于表示只包含黑白区域的图形，如书写文字、线条草图等。二值图像的数据量很小，易于进行数学形态学操作和特征提取，在文档图像分析、机器视觉等领域有重要应用。

除了以上三种基本图像类型，在一些专门领域还衍生出了其他一些变种。例如，索引图像使用颜色表来映射像素值，从而节省存储空间；多光谱遥感图像包含超出可见光范围的多个波段信息；立体图像则记录了景物的三维信息，通过特殊的显示设备可以呈现出立体效果。

（三）特点

数字图像凭借其独特的优势，已经成为现代信息时代最重要的数据载体之一。与传统的模拟图像相比，数字图像在存储、处理和传输方面具有得天独厚的优势。这些优势不仅极大地促进了图像技术的发展，也为徽州古建技艺的数字化再生提供了坚实的技术基础。

从存储的角度来看，数字图像以二进制数字的形式存储在计算机中，每一个像素点都对应着一个具体的数值。这种离散化的存储方式使得数字图像可以很容易地被保存在各种数字存储设备中，如硬盘、U 盘、光盘等。与传统的胶片、纸质照片相比，数字图像的存储密度更高，存储空间更为节省。同时，数字图像具有无损复制的特点，无论复制多少次，图像质量都不会有任何损失。这为徽州古建技艺的数字化存档提供了可靠的保障，确保了珍贵的文化遗产能够永久保存。

从处理的角度来看，数字图像可以方便地在计算机上进行各种编辑、修改和分析。利用图像处理软件，可以对数字图像进行裁剪、缩放、旋转、锐化、去噪等操作，以改善图像的视觉效果。对于徽州古建的数字化图像，可以通过图像分割、特征提取等技术，准确识别和提取古建筑构件的形状、纹理、色彩等关键信息。这为后续的三维重建、虚拟仿真等工作奠定了基础。数字图像处理技术的应用，不仅提高了徽州古建数字化的效率和精度，也为深入研究和保护这一宝贵的文化遗产提供了新的途径。

从传输的角度来看，数字图像可以通过各种数字通信网络进行快速、便捷的传输。无论是局域网还是互联网，数字图像都能够以电子数据包的形式，在不同节点之间进行高效传输。这种数字化的传输方式突破了时空的限制，使得徽州古建的数字化成果能够随时随地进行展示和共享。通过网络传输，研究人员可以方便地交流和协作，公众也能够足不出户便欣赏和了解徽州古建之美。数字图像的传输特性，极大地拓展了徽州古建数字化成果的应用空间，为弘扬和传承徽州文化提供了新的平台。

二、数字图像的获取

（一）数字成像设备

数字成像设备是实现图像数字化的关键，它们通过光电转换、模数转换等技术手段，将连续的模拟图像信号转换为离散的数字图像数据。数码相机和扫描仪是当前应用最为广泛的两类数字成像设备，深入了解其工作原理，对于掌握数字图像获取的基本方法和流程具有重要意义。

1. 数码相机

数码相机是利用光电转换器件直接获取数字图像的设备，其核心部件是感光元件，通常采用 CCD（电荷耦合器件）或 CMOS（互补金属氧化物半导体）传感器。当光线通过镜头聚焦在感光元件上时，感光元件中的光敏单元会根据入射光强度的不同，产生相应数量的光生电荷。这些电荷经过放大、量化、编码等一系列处理，最终形成数字图像信号。与胶片相机相比，数码相机具有实时预览、方便存储、灵活编辑等优势，已成为当前最主要的图像采集设备之一。

2. 扫描仪

扫描仪则是将纸质图像转换为数字图像的专用设备，其基本结构包括光源、光学系统、图像传感器、驱动电路和接口电路等。扫描过程中，光源照射在待扫描图像上，反射光经过光学系统聚焦后，投射到图像传感器上。传感器将光信号转换为电信号，再通过模数转换电路将模拟电信号转换为数字信号。随着扫描装置的移动，被扫描图像的每个部分依次被采集和转换，最终形成完整的数字图像文件。与数码相机相比，扫描仪的主要优势在于能够高保真地还原纸质图像的色彩和细节，因此在文档、图纸、照片等的数字化应用中得到了广泛使用。

无论是数码相机还是扫描仪，其数字成像质量都与多种因素密切相关，如光学系统的性能、感光元件的参数、采样频率、量化精度等。为了获得高质量的数字图像，需要综合考虑设备性能、成像环境、操作技巧等因素，并根据具体应用需求选择合适的参数设置。例如，在徽州古建数字化的过程中，为了最大限度地保存原建筑的纹理、色彩等细节，通常需要选用高分辨率的数码相机或扫描仪，并搭配优质的光学镜头。同时，需要严格控制成像环境，如光照条件、拍摄角度等，以尽可能减少图像噪声和失真。

（二）图像数字化

图像数字化是将模拟图像转换为数字图像的过程，它包括两个重要步骤，即采样和量化。采样是指将连续的模拟图像划分为离散的像素矩阵，量化则是将每个像素的亮度或颜色值映射为离散的数字信号。采样的频率和间隔决定了数字图像的分辨率，量化的精度则影响着图像的色彩深度。

在采样过程中，模拟图像被划分为规则的网格，每个网格单元对应一个像素。采样频率，即单位长度或面积内的像素数，决定了图像的精细程度。采样频率越高，数字图像就越接近原始的模拟图像，但意味着更大的数据量和处理开销。因此，选择合适的采样频率需要权衡图像质量和计算效率。常见的采样方式有等间隔采样、随机采样等。

量化的精度，即可用于表示每个像素的离散值的数目，决定了图像的色彩深度。量化精度越高，图像的色彩层次就越丰富，视觉效果也越细腻。常见的量化精度有1位二进制（黑白图像）、8位（256级灰度图）、24位（真彩色图像）等。量化过程会不可避免地引入一定的信息损失，称为量化误差或量化噪声。

在徽州古建技艺数字化再生过程中，采样与量化是将各种形态的模拟图像转换为数字图像的关键。如何设置合理的采样频率和量化精度，对于精准记录和再现徽州古建的形制、尺寸、色彩、纹饰等有重大影响。一方面，我们期望得到高保真度的数字记录，提取丰富的图像特征。另一方面，海量数字图像数据的采集、存储和处理也提出了更高的要求。因此，深入研究图像采样和量化的原理与方法，优化技术参数，对于徽州古建技艺的数字化再生意义重大。

对于一些古老或损毁的模拟图像，采样和量化过程中还可能引入噪声、失真等干扰。这就需要在数字化的同时，采用图像增强、复原等处理手段，提升数字图像的视觉质量。先进的图像插值算法也可以在保持图像总像素数不变的情况下，提高图像的视觉分辨率，实现放大、超分辨率重建等功能。

（三）图像格式

数字图像格式是指用于存储、组织和压缩数字图像数据的标准化方式。常见的数字图像格式有JPEG，PNG，GIF，TIFF等，它们在色彩深度、压缩方式、支持的颜色数量等方面各有特点。选择合适的图像格式可以在保证图像质量的同时，最大限度地减小存储空间，提高传输和处理效率。

JPEG格式采用有损压缩算法，通过去除人眼难以察觉的图像细节来实现高效压缩。它支持24位真彩色，适用于存储照片等色彩丰富的连续色调图像。但JPEG格式在压缩过程中会引入“块效应”等失真，不适合存储线条、文字等需要清晰边缘的图像。

PNG格式采用无损压缩，能够完美地保留原始图像的所有细节。它支持48位真彩色和8位256级灰度，并可存储Alpha通道信息，用于实现透明效果。PNG格式常用于存储徽标、图标等需要透明背景或清晰边缘的图像。但PNG格式的压缩率相对较低，文件体积较大。

GIF格式同样采用无损压缩，但仅支持8位256色。它最显著的特点是支持存储多帧图像，可用于创建动画效果。GIF格式常用于网页图像和表情包等场景，但色彩表现力有限。

TIFF 格式是一种高保真的图像格式，采用无损压缩或未压缩存储，支持多种颜色深度和存储方案。TIFF 格式适用于存储大尺寸、高分辨率的数字图像，但文件体积通常很大，不利于网络传输。

三、数字图像的处理

（一）图像预处理

图像预处理作为数字图像处理的重要环节，对后续的图像分析和理解具有决定性影响。其主要目的是消除图像中的噪声干扰，增强图像的视觉效果，提取图像的关键特征，为后续的图像分割、特征提取等处理奠定基础。常见的图像预处理操作包括图像去噪、图像增强等。

1. 图像去噪

图像去噪是消除图像中各种噪声干扰的过程。在图像采集、传输和存储过程中，由于成像设备、环境因素等的影响，图像难免会受到各种噪声的污染，如高斯噪声、椒盐噪声等。这些噪声会严重影响图像的视觉质量和后续处理的精度。因此，去除图像噪声是图像预处理的首要任务。常用的图像去噪方法包括空间域滤波和变换域滤波。空间域滤波是直接对图像像素进行操作，如均值滤波、中值滤波等；变换域滤波则是先对图像进行傅里叶变换或小波变换，在变换域上进行滤波处理，再进行反变换得到去噪后的图像。这两类方法各有优缺点，需要根据噪声类型和图像特点进行选择。

2. 图像增强

图像增强是提高图像视觉效果，突出图像关键信息的过程。由于光照条件、成像设备等因素的限制，原始图像可能存在对比度低、亮度不均、边缘模糊等问题，影响图像的可读性和美观性。图像增强就是通过调整图像的灰度分布、增强图像的对比度、锐化图像的边缘等方式，改善图像的视觉效果，使图像更加清晰、鲜明。常见的图像增强技术包括直方图均衡化、伽马校正、拉普拉斯锐化等。直方图均衡化通过调整图像的灰度直方图，使图像的对比度更加均匀；伽马校正通过非线性变换，改善图像的亮度分布；拉普拉斯锐化利用二阶导数，增强图像的边缘和细节信息。

（二）图像分割

图像分割是数字图像处理中的一项基本而关键的技术，其目的是将图像划分为若干个具有特定意义的区域或对象，为后续的图像分析和理解奠定基础。在徽州古建技艺的数字化再生过程中，图像分割技术发挥着不可或缺的作用，它能够精准提取古建筑构件的轮廓、纹样等关键信息，为构建高保真的三维模型提供数据支撑。

从技术原理上看，图像分割的方法可以分为基于阈值、基于边缘和基于区域三大类。基于阈值的分割方法通过设定一个或多个灰度阈值，将图像划分为前景和背景两部分。这种方法简单快速，但容易受到噪声和光照变化的影响。基于边缘的分割方法利用图像中像素灰度值的突变来检测目标轮廓，常用的算法包括Canny算子、Sobel算子等。这种方法对噪声较为敏感，在处理古建图像时需要进行必要的预处理。基于区域的分割方法从图像的某个像素出发，根据相似性准则不断合并周围像素，直至形成完整的区域。区域生长算法和分水岭算法都属于这一类别，它们能够获得封闭的目标轮廓，但算法复杂度较高。

随着人工智能技术的飞速发展，语义分割逐渐成为图像分割领域的研究热点。不同于传统的分割方法，语义分割不仅要完成对图像的划分，还要识别出每个区域所属的类别，这对算法的理解能力提出了更高的要求。近年来，深度学习语义分割模型不断涌现，它们利用卷积神经网络强大的特征提取和语义理解能力，在众多应用场景中取得了瞩目的表现。这为古建图像分割开辟了新的思路。通过在大规模的古建图像数据集上训练语义分割模型，可以自动、高效地提取古建筑构件的语义信息，为后续的三维建模、结构分析等工作奠定更加智能、准确的基础。

（三）图像特征提取

图像特征提取是数字图像处理中的一个重要环节，旨在从图像中提取能够表征图像内容本质特征的信息。这些特征通常包括颜色、纹理、形状等，共同构成图像的视觉表现。在徽州古建技艺的数字化再生过程中，图像特征提取发挥着关键作用，为后续的图像分析、识别和重建奠定了基础。

1. 颜色

颜色是图像最直观的视觉特征之一。通过分析图像像素的颜色分布，可以获取图像的主色调、色彩丰富度等信息。对于徽州古建而言，色彩不仅具有审美价值，更蕴含着深厚的文化内涵。例如，徽州古建中常见的白墙青瓦、红灰鼓槛等，都与徽州独特的地域环境和历史底蕴密切相关。因此，提取并量化这些颜色特征，有助于深入理解徽州古建的色彩美学，为其数字化再生提供准确的参考。

2. 纹理

纹理是指图像局部区域灰度分布所呈现出的视觉模式，它反映了物体表面的质地和细节特点。在徽州古建中，纹理特征尤为丰富多样，既有砖石材质的粗犷质感，也有木雕装饰的精美纹样。通过提取纹理特征，获取古建筑构件表面的肌理信息，进而分析其材质、工艺和风格流派，对于数字化再生中的材质还原和纹饰复现具有重要意义。

3. 形状

形状特征描述了图像中物体的轮廓、拓扑结构等几何属性。在徽州古建中，形状特征体现在建筑平面布局、立面造型、构件外观等方方面面。提取并刻画这些特征，可以揭示古建筑的空间构成法则和艺术风格，为数字化再生提供造型参考。例如，通过分析徽州古建的屋顶形状，可以归纳出硬山、悬山、歇山等多种类型，进而指导三维模型的生成。

图像特征提取的方法多种多样，包括基于颜色直方图的全局特征提取、基于梯度直方图的局部特征提取、基于频域变换的纹理特征提取等。在实践中，需要根据古建图像的特点和应用需求，灵活选择和组合这些方法。同时，要注重特征的鲁棒性和可区分性，确保提取结果对光照、视角等变化不敏感，且能准确反映不同古建筑之间的差异。

随着人工智能技术的发展，深度学习在图像特征提取中展现出了强大的优势。卷积神经网络等深度模型可以自动学习图像的层次化特征表示，从低级的边缘、纹理到高级的语义内容，实现端到端的特征提取。将深度学习引入徽州古建技艺数字化再生，有望进一步提升特征提取的精度和效率。

四、基于数字图像处理技术的徽州古建技艺数字化再生

（一）数字图像处理应用

数字图像处理技术在徽州古建技艺数字化再生中的应用日益广泛，发挥着

独特优势。高清影像采集是古建数字化再生的基础，它利用数码相机、扫描仪等数字成像设备，将古建筑及其构件、装饰纹样等转化为数字图像。在采集过程中，需要根据拍摄对象的特点，合理设置分辨率、色彩深度等参数，以获得高质量的原始图像数据。同时，为了全面、系统地记录古建筑信息，需对建筑整体和局部进行多视角、多光照条件下的拍摄。

然而，由于徽州古建规模宏大、结构复杂，单幅图像往往难以完整表现其全貌。因此，图像拼接技术在古建数字化再生中也得到了广泛应用。将多幅局部图像按照一定的顺序和方位进行拼合，就能够获得古建筑的完整影像。这一过程需要借助特征点提取、图像配准等算法，实现图像间的自动识别和精确拼接。通过图像拼接，可以生成古建筑高清全景图，直观展现其恢宏气势和精美细节。

在影像采集和拼接的基础上，数字图像处理技术还能够支持古建筑影像的优化与再现。针对采集到的原始图像，可以运用图像增强、去噪等手段，改善图像的视觉效果，提升纹理、色彩的清晰度。利用数字图像处理算法，还能够从图像中提取建筑轮廓、纹样特征等关键信息，为后续的三维建模、结构分析等应用奠定数据基础。此外，通过虚拟仿真技术，可以在数字空间中复原已经损毁或变化的古建部分，再现其原貌风韵。

（二）数字图像分析与特征提取作用

数字图像分析与特征提取技术在徽州古建筑构件与装饰纹样研究中发挥着关键作用。对高清影像的智能处理和特征信息的精准提取等先进技术，为深入解析徽州古建的艺术内涵、工艺特色提供了有力支撑。

徽州古建以其精美的木雕、砖雕、石雕装饰闻名于世。这些手工雕琢的构件与纹样凝结了古代工匠的智慧，呈现出极高的艺术审美价值。然而，由于年代久远，许多细节已经模糊难辨，给研究人员的深入研究带来诸多不便。而数字图像分析技术的引入，为破解这一难题提供了钥匙。通过对古建影像的数字化采集和高精度处理，研究人员能够在虚拟环境中对构件和纹样进行放大、分割、拼接等操作，以更清晰的视角审视其中蕴藏的精妙设计，发掘易被忽视的细节特征。

在数字图像分析的基础上，图像特征提取技术进一步赋能徽州古建研究。专业的图像分析软件能够自动识别并提取构件纹样的纹理、色彩、结构等关键特征信息，将研究对象的内在属性量化为可测度的数据指标。通过对这些数据的统计分析和数学建模，研究人员可以准确把握不同时期、不同地域徽州古建装饰风格的演变规律，厘清其与地方文化、审美情趣、工艺水平等因素之间的关联，从宏观与微观的角度重构徽州古建艺术的发展脉络。

数字图像分析与特征提取技术的应用，极大地拓展了徽州古建研究的深度与广度。通过数字化手段，研究人员能够打破时空限制，在更大范围内获取、比对研究样本，发现易被传统研究方法忽略的共性和差异。同时，影像资料的数字化存储与特征库的建立，也为徽州古建珍贵工艺的永久保存提供了可能，使这一宝贵的文化遗产能够跨越时间的阻隔，惠及后世。

数字图像分析与特征提取技术还为徽州古建的数字化再生提供了数据基础。通过对构件纹样特征的提取与参数化表达，研究人员能够在虚拟环境中复原已毁或残缺不全的建筑结构和装饰图案，再现其原貌与风采。数字复原模型不仅能够用于古建筑的考古研究，还可作为文化传承和艺术欣赏的载体，让更多人领略徽州古建的独特魅力。

第三章 徽州古建技艺数字化再生的策略

第一节 徽州古建技艺数字化再生的原则

一、原真性原则

（一）保持古建筑原有风貌的重要性

在对徽州古建进行数字化再生的过程中，保持古建筑原有风貌至关重要。这不仅仅是出于对历史的尊重和对文化遗产的保护，更是数字化再生工作的内在要求与必然选择。

徽州古建凝结了徽州先民的智慧和审美追求，其砖雕、木雕、石雕等装饰技艺精湛，布局疏密有致，结构形式多样，具有极高的艺术价值和历史价值。这些古建筑的风貌特征既是徽州文化的重要载体，也是徽州古建的灵魂所在。如果在数字化再生过程中，这些关键风貌特征丢失或扭曲，那么再生后的建筑模型将失去其存在的意义，无法真实再现徽州古建的魅力。

在徽州古建数字化再生过程中，相关工作者需要深入研究徽州古建造型、结构、材料、工艺等方面的特点，在实地调研的基础上，充分运用数字化技术手段［如三维扫描、BIM（建筑信息模型）技术、HBIM（历史建筑信息模型）技术等］，精准采集古建筑数据。同时，需配合传统测绘、人工建模等多种技术，补充数字化过程中难以覆盖的细部信息，以保证最终的再生模型能够全面、真实地反映古建筑的原有风貌。

在开发衍生应用时，也要坚持原真性原则，防止过度夸张和随意篡改。例如，在制作虚拟展示系统时，应以再生建筑模型为基础场景，避免天马行空地添加现代元素，或者刻意渲染古色古香的氛围。再如，在开发交互式文旅产品时，应立足徽州古建原有风格特色，适度融入创新内容，既满足大众需求，又不失原真性。

保持原有风貌不仅是一项技术任务，更需要工作者以高度的历史责任感和使命感，时刻警惕主观臆断和过度加工的倾向，以严谨细致的工作态度和方法，如实记录、展现古建筑的点点滴滴，传承优秀的传统营造技艺，让宝贵的文化遗产以真实可信、生动立体的面貌走进大众视野，焕发新的生命力。

（二）数字化再生技术在还原徽州古建原真性中的应用

数字化再生技术在还原徽州古建原真性方面发挥着关键作用。通过三维激光扫描、数字摄影测量等先进的数字化采集技术，高精度、全方位地记录古建筑的几何信息、材质肌理、色彩特征等，真实再现其原貌。这既为古建筑保护提供了翔实的基础资料，也为后续的研究、修缮、展示等工作奠定了坚实基础。

在数字化再生过程中，点云数据处理技术可以对采集到的海量散乱点云进行去噪、配准、融合，提取出准确的三维模型。通过纹理映射技术，将高分辨率的数字影像与三维模型精确匹配，赋予其逼真的材质和色彩，使数字化再生的古建筑模型在视觉上达到以假乱真的效果。这种高保真的数字化再现，能够最大限度地还原古建筑的原真性，为人们提供身临其境的沉浸式体验。

虚拟现实技术的应用，进一步拓展了数字化再生在古建筑原真性还原方面的维度。利用虚拟现实技术设备，人们可以在数字化再生的虚拟场景中漫游，近距离观察古建筑的细部特征，感受其独特的空间营造艺术；甚至可以通过虚拟仿真技术，模拟古建筑的建造过程，了解传统工匠的建筑智慧和精湛技艺。这种沉浸式的体验方式，让古建筑的历史价值和文化内涵得以全方位、立体化地呈现，增强了人们对古建筑原真性的认知和理解。

数字化再生技术的应用，为古建筑的数字化保护提供了新的路径。通过对数字化再生模型进行结构分析、灾害预测等，及时发现古建筑存在的安全隐患，为制定科学的保护方案提供依据。将不同时期的数字化再生模型进行对比，还能够动态监测古建筑的变化情况，为其长久保存提供数据支撑。这种基于数字化再生的预防性保护理念，为延续古建筑的生命力、传承其历史价值提供了有力保障。

（三）原真性原则在徽州古建技艺数字化再生中的具体体现

原真性原则在徽州古建技艺数字化再生中具体体现在多个方面。数字化再生技术的应用，为忠实还原徽州古建的原貌提供了重要保障。通过高精度的三维扫描、摄影测量等手段，研究人员能够精准采集古建筑的几何信息、材质纹理、色彩特征等，为后续的数字化重建奠定坚实的数据基础。在建模过程中，研究人员严格依据采集的原始数据，结合传统工艺，对古建筑进行高度拟真的三维重塑，力求最大限度地再现其原有风貌。这不仅包括建筑的整体造型和布局，还涵盖了屋顶、斗拱、雀替、窗棂等细部构件的精细刻画，充分展现了徽州古建的独特魅力。

在数字化再生中，原真性原则要求研究人员深入考证徽州古建的历史背景和文化内涵。徽州地区深厚的文化积淀和独特的地理环境，塑造了徽州古建独树一帜的艺术风格。为了忠实再现这一风格，研究人员必须全面了解徽州的历史发展脉络，深入分析其建筑文化的形成机制和演变轨迹。只有立足历史、立足文化，才能真正把握徽州古建的精髓所在，进而指导数字化再生工作的开展。例如，研究人员在三维重建徽州民居时，不仅要考虑其建筑布局和工艺特色，更要体现其朴素、简洁、内敛的文化内涵，以及师法自然、亲近自然的生态理念。唯有如此，方能使数字化成果真正传神写照，成为展示和传承徽州文化的重要载体。

原真性原则在数字化再生中的贯彻，还体现在对古建筑历经岁月沧桑后留下的痕迹的如实记录上。徽州古建经历了漫长的历史流变，其间不可避免地出现风化、开裂、倾斜等病害。对于这些病害痕迹，研究人员应秉持客观、真实的态度，通过数字化手段如实采集和记录，而不应简单地进行美化或修饰。这种全面、真实的再现，能够为后世的研究人员提供宝贵的历史印记，揭示古建筑在时间维度上的变化轨迹。同时，这些痕迹见证了古建筑的历史风霜，蕴含着岁月沧桑之美，其价值同样值得认真对待和珍惜。数字化再生正是通过先进技术手段，完整、真实地保存这些弥足珍贵的历史印迹，唤起人们对古建筑历史价值的重视。

二、完整性原则

（一）将徽州古建作为一个整体进行数字化再生的必要性

徽州古建是中国传统建筑的典范，其精湛的工艺、独特的风格和深厚的文化内涵备受世人瞩目。然而，随着时代的变迁，这些古老的建筑已难以抵御自然和人为的破坏，面临消失的危险。为了更好地保护和传承徽州古建，数字化再生技术应运而生。将徽州古建作为一个整体进行数字化再生，是保证其原真性和完整性的必然要求。

徽州古建是一个有机的整体，其结构、材料、工艺、装饰等要素之间存在着错综复杂的关联。任何一个部分的变化，都可能影响整个建筑的风貌和稳定性。如果只对古建筑的某些部分进行数字化再生，而忽视了其他部分的重要性，就无法真正再现其原貌，也难以揭示其内在的逻辑和魅力。只有将徽州古建作为一个不可分割的整体来对待，全面采集其数据信息，才能确保数字化再生的科学性和准确性。

从文化传承的角度来看，徽州古建不仅仅是一种物质遗存，更是承载着丰富历史记忆和精神价值的文化符号。每一座徽州古建筑都凝结了先人的智慧和审美追求，体现了独特的地域特色和时代风貌。这些文化因子犹如一张无形的网，将古建筑的各个部分连接成有机的整体。如果我们割裂这种联系，仅关注古建筑的某些片段，就可能割裂其文化内涵，导致文化传承的偏差和误读。唯有尊重徽州古建固有的文化逻辑，将其作为一个完整的文化载体进行数字化再生，才能最大限度地保留其文化价值，实现文脉的延续和传播。

（二）完整性原则在结构、材料、工艺等方面的体现

徽州古建在设计、材料选择和施工工艺等方面体现出高度的整体性和系统性，充分彰显了古代工匠的智慧。从结构设计的角度来看，徽州古建的木架结构体系是一个有机的整体，由柱、梁、檩、椽、斗拱等构件按照一定的逻辑关系组合而成。这些构件之间相互牵制、相互支撑，共同承担起建筑物的受力和传力功能。同时，木架结构具有良好的延展性和灵活性，不同的构件组合方式可以衍生出多样化的建筑形式，满足不同的使用需求。

材料的选择和使用也凸显了徽州古建的整体思想。徽州地区盛产优质木材(如杉木、樟木等)，这些木材不仅具有良好的强度和耐久性，而且色泽纹理美观，易于加工。古代工匠根据不同构件的受力特点和使用功能，有针对性地选择合适的木材，并采用科学的伐木、晾晒、防腐等工艺，确保木材性能的发挥。同时，徽州古建常常采用就地取材的石料、砖瓦等，与木构件巧妙配合，形成了独特的地域风貌。

施工工艺的运用同样体现了系统性原则。徽州古建的营造过程是一项复杂的系统工程，涉及木工、瓦工、石工、油工、彩绘等多个工种的协同配合。为了保证施工质量和进度，古代工匠采用了一系列标准化、规范化的操作流程，如木构件的“刨、锯、凿、刻”，砖石材料的“板凳、挑灰、踩砖”等，各道工序环环相扣、有条不紊。此外，斗拱、卷棚、飞檐等精巧绝伦的构件，凝聚着工匠高超的木雕、砖雕、石雕技艺，为徽州古建增添了艺术美感。

从整体布局到局部细节，从选材到施工，徽州古建无不渗透着整体性思想。建筑各构件之间的比例关系、空间尺度都经过精心设计和反复推敲，形成了和

谐统一、灵动有致的建筑形态。即便是装饰性构件（如牛腿、雀替、垫板等），也与建筑主体相得益彰。正是这种对建筑整体性的执着追求，造就了皖南古民居“小桥流水人家”的诗情画意。

（三）保持历史文化背景完整性的策略

1. 深入挖掘徽州古建历史文化内涵，全面理解其精髓要义

徽州古建蕴含着丰富的历史文化底蕴，体现了独特的地域特色和时代风貌。要实现古建筑的完整再现，必须对其历史渊源、文化内涵有全面而深入的认识。这就要求在数字化再生过程中，研究团队应广泛收集相关史料文献，深入解读其中蕴含的思想观念、审美情趣、生活方式等，揭示其内在的文化逻辑和精神内核。只有充分理解了古建筑所承载的历史文化内涵，才能在数字化再生中巧妙地融入这些要素，赋予虚拟场景灵魂，使其能够唤起人们对徽州传统文化的情感共鸣。

2. 注重数字化再生场景的真实性和整体性

徽州古建往往与周边环境形成和谐统一的整体，因此在数字化再生中，不能将古建筑割裂开来孤立地看待，而应将其放置在具体的地理环境和人文背景中进行整体考量。研究人员需要通过实地勘察、文献研究等方式，深入了解古建筑所处的自然地理条件、村落格局、民俗风情等，在虚拟场景中尽可能地再现其真实的历史风貌。同时，古建筑内部的布局陈设、装饰图案等应严格依据史实，力求做到细节精准、布局协调，给人身临其境之感。唯有如此，才能全面、真实地再现徽州古建的历史文化背景，传达其深厚的文化底蕴。

3. 善用数字化手段传承和弘扬徽州文化精髓

数字化再生为徽州古建技艺提供了一种全新的传承和展示方式。在虚拟的数字空间中，研究人员可以打破时空限制，以更加生动直观的方式向公众展现古建筑的精妙构造和典雅风格。通过沉浸式体验、交互式设计等数字化手段，用户能够更加深入地感受和理解徽州古建所蕴含的美学理念和人文情怀。同时，数字化再生为徽州文化的创新发展提供了广阔空间。在虚拟场景中，可以对古建筑进行想象力的再创造，融入现代元素，激发新的文化活力。这不仅有助于激发年轻一代对传统文化的兴趣，更能推动徽州文化在数字时

代焕发新的生机。

三、系统性原则

（一）多学科交叉融合的原因

徽州古建技艺的数字化再生是一项跨学科、多领域的系统工程，需要考古学、建筑学、信息科学、材料科学等多个学科的交叉融合。这种多学科交叉融合的必要性源于徽州古建自身的复杂性和数字化再生技术的综合性。

从徽州古建本身来看，它不仅仅是一种建筑形式，更是一种独特的文化载体，凝聚了徽州地区深厚的历史底蕴和精湛的匠人技艺。要真正理解和再现徽州古建的精髓，单靠建筑学的知识是远远不够的，还需要借助考古学的方法，深入发掘古建筑的历史渊源和文化内涵；需要借助材料科学的理论，探究古建筑所使用的木材、砖瓦、石料等材料的性能特点和加工工艺；只有将这些学科的知识和方法有机结合起来，才能全面、准确地认识和把握徽州古建的本质。

从数字化再生技术来看，它涉及数据采集、三维建模、虚拟仿真、数据库管理等多个环节，每个环节都需要相应学科的专业知识和技术支撑。例如，在数据采集阶段，需要运用考古学的田野调查方法和建筑学的测绘技术，全面、系统地收集古建筑的各项数据信息；在三维建模和虚拟仿真阶段，需要运用计算机图形学、虚拟现实等信息科学技术，将古建筑数据转化为逼真的数字模型和沉浸式的虚拟场景；在数据库管理阶段，需要运用数据库设计、数据挖掘等技术，构建面向用户需求的古建筑数字资源库。可见，数字化再生技术自身就是多学科交叉的产物，离不开多领域专家的通力协作。

（二）系统性原则在采集、处理、展示等环节中的应用

系统性原则在徽州古建技艺数字化采集、处理、展示等环节的应用，对实现数字化再生的整体目标至关重要。数字化采集是数字化再生工作的基础，它涉及对古建筑的三维扫描、影像采集、材料分析等多个方面。在这一过程中，系统性原则要求研究人员统筹考虑各个采集环节的技术标准和操作规范，确保采集数据的完整性、准确性与一致性。同时，不同类型数据之间的关联性需要在采集阶段予以充分考虑，为后续的数据处理和应用奠定基础。

数字化处理是将采集到的海量数据转化为可用的数字模型和信息资源。在这一环节中，系统性原则要求我们建立科学的数据处理流程和标准，综合运用

点云处理、三维重建、材质贴图等多种技术手段，生成高精度、高保真度的数字模型。与此同时，需要充分挖掘数据背后的文化内涵和工艺特征，通过知识关联、语义标注等方式，构建反映徽州古建技艺的知识体系和信息网络。唯有如此，才能为数字化展示提供丰富、立体、生动的内容支撑。

数字化展示既是数字化再生最终呈现的方式，也是大众感知和体验徽州古建魅力的主要渠道。在这一环节中，系统性原则要求我们立足数字模型和知识资源，创新展示方式及交互手段，为用户提供身临其境的沉浸式体验。例如，我们可以开发虚拟现实、增强现实等新型展示系统，让用户在数字空间中漫游徽州古建筑，感受其独特的建筑布局、精湛的建造工艺；又如，我们可以利用知识图谱、可视化分析等技术，揭示古建筑背后的文化故事、美学原理，激发用户探索的兴趣。

（三）构建系统性框架与流程

徽州古建技艺数字化再生的系统性框架与流程设计是一项复杂而艰巨的任务，需要多学科交叉融合，统筹规划。首先，应当明确徽州古建数字化再生的总体目标，即在保持原真性、完整性的基础上，最大限度地再现古建筑的历史风貌和文化内涵。这就要求我们在数字化采集、处理、展示等环节中，始终坚持系统性原则，将古建筑作为一个有机整体来对待。徽州古建技艺数字化再生的系统性框架可以分为四个层次：数据层、模型层、应用层和管理层。

数据层是整个系统的基础，涉及古建筑的测绘、摄影、三维扫描等数字化采集工作。这一环节须严格遵循文物保护的相关规范，以高精度、高完整性的数据获取为目标。

在数据层的基础上，通过点云处理、三维重建等技术手段，构建起精细的古建筑数字化模型，形成模型层。模型层不仅要在几何结构上与实体建筑高度吻合，还要尽可能地反映其材质、纹理、色彩等物理属性。

应用层是数字化成果的延伸与拓展。利用虚拟现实、增强现实等新兴技术，可以将古建筑模型生动地呈现在公众面前，为公众提供身临其境的观赏体验。同时，各类古建筑构件的参数化模型、三维仿真装配等数字化手段，为古建工艺的传承与创新提供了新的路径。应用层的开发应立足实际需求，兼顾学术研究、文化传播、旅游体验等多元目标。

管理层是贯穿数字化再生全过程的动态调控机制。通过制定科学的项目规划、建立规范的工作流程、健全完善的质量控制体系，实现各参与主体的协同联动，确保系统高效有序运行。同时，管理层承担着数据管理、版权保护、成果推广等任务，为数字化成果的持续应用提供制度保障。

四、可持续性原则

可持续性原则是徽州古建技艺数字化再生过程中必须坚持的基本准则之一。在数字化再生实践中，研究人员不仅要立足当下，更要着眼未来，确保数字化成果能够持续发挥价值，惠及当代和后世。这就要求研究人员在技术选择、资源配置、人才培养等方面做好顶层设计，形成可持续发展的长效机制。具体而言，可持续性原则主要体现在以下五个方面。

（一）技术路线的可持续性

徽州古建的数字化再生涉及三维扫描、BIM建模、虚拟现实等诸多前沿技术。在选择技术路线时，研究人员既要考虑其先进性和实用性，更要评估其成熟度和稳定性。那些技术发展成熟、应用广泛、具有开放性和兼容性的数字化手段，更有利于保障数字化成果的持续利用和更新迭代。相比之下，一些封闭的、专有的技术方案虽然短期内可能效果更佳，但是从长远来看存在较大的技术风险和锁定效应。

（二）数据标准的可持续性

数字化再生所积累的海量数据是极其宝贵的财富，但如果缺乏规范和标准，其价值就难以充分释放。因此，研究人员必须借鉴文物数字化领域的既有标准，并立足徽州古建的特点进行创新完善，形成一套科学、开放、易于继承和扩展的数据标准体系。这套标准应涵盖数据采集、处理、存储、交换等各个环节，既要保证数据的高精度、高质量，又要兼顾不同系统和平台之间的互联互通。唯有如此，数字化再生所积累的数据才能成为“富矿”，而不是“死海”。

（三）人才队伍的可持续性

徽州古建技艺的数字化再生是一项复杂的系统工程，需要建筑、历史、测绘、信息等多学科人才协同攻关。培养一支结构合理、专业过硬、梯队完备的复合型人才队伍，是推动这项事业持续发展的关键所在。为此，高校和科研机构应主动作为，依托现有的学科优势，加强学科交叉融合，优化人才培养模式，通过开设相关课程、实施联合培养、搭建协同创新平台等举措，造就一批既懂古建又通数字的复合型人才。同时，要建立健全人才流动和激励机制，为人才的成长发展创造良好环境。

（四）运行机制的可持续性

保障数字化再生成果的可持续利用，还需要构建起高效协同、开放共享的运行机制。当前，我国在文物和古建筑数字化方面已经积累了丰富的实践经验。许多机构通过搭建数字博物馆、开发沉浸式展示系统、开展在线教育培训等方式，正在积极探索数字化成果的转化应用之路。对于徽州古建技艺数字化再生而言，我们也要主动对标先进，学习借鉴优秀案例，因地制宜地构建具有徽州特色的应用示范工程。同时，要充分发挥数字技术的优势，积极推动多方协作，实现数据和资源的开放共享，以多元化的应用形态充分释放数字化成果的社会价值。

（五）资金投入的可持续性

数字化再生是一项长期而艰巨的任务，需要持续而稳定的资金投入作为保障。政府和相关部门应加大财政支持力度，将古建数字化纳入公共文化服务体系建设的重要内容。同时，还要创新投融资机制，引导社会资本参与，形成多元化、可持续的投入格局。在资金使用上，要坚持统筹兼顾、突出重点，既要保障数字化再生各环节的资金需求，又要重点支持关键核心技术攻关和示范应用工程建设，提高资金使用效益。

五、交互性原则

传统的徽州古建数字化，往往更关注技术层面的精准再现，而忽视了受众的参与和体验。然而，随着数字化技术的发展和大众审美需求的提升，单纯的静态展示已经难以满足人们对文化遗产的认知和情感诉求。因此，在徽州古建技艺数字化再生过程中融入交互性原则，让受众从被动的欣赏者转变为主动的参与者，已成为业界的共识和努力方向。

第一，交互性原则要求徽州古建技艺数字化再生不仅要实现高精度的数字化呈现，更要注重受众的参与感和沉浸感。通过人机交互技术的应用，可以为受众提供更加生动、直观的体验方式。例如，利用虚拟现实技术，受众可以身临其境地漫游在数字化的徽州古建中，360 度全方位地欣赏古建筑的精美细节和独特风格。再如，通过增强现实技术，受众可以与数字化的徽州木雕、砖雕等互动，了解其背后的历史故事和制作工艺。这些沉浸式的体验方式能够唤起受众的感官记忆，激发其探索和认知的兴趣，使徽州古建文化在传播中焕发新的生命力。

第二，交互性原则的应用有助于拓展徽州古建技艺数字化成果的应用场景和受众群体。传统的数字化成果多局限于专业研究和保护领域，普通大众难以接触和理解。而引入交互性设计，可以将深奥的古建知识转化为通俗易懂、寓教于乐的文化产品。例如，开发徽州古建主题的交互式游戏，让玩家在游戏过程中了解徽州古建的特色和营造技艺的奥秘。再如，创作含有徽州古建元素的数字艺术作品，通过与受众的情感互动，唤起人们对传统文化的认同和自豪。这些创新的传播方式能够有效扩大徽州古建文化的影响力，让更多的人了解、热爱并传承这一宝贵的文化遗产。

第三，交互性原则的引入能促进徽州古建技艺数字化再生的产业化发展。数字化成果的交互性应用不仅能够提升文化产品的附加值，而且能够衍生出诸多文化创意产业，如数字博物馆、智能导览、文化旅游等。这些产业的发展，一方面能够为徽州古建保护和传承提供持续的资金支持，另一方面能够带动地方经济的转型升级，实现文化遗产保护与社会发展的良性互动。

第二节　徽州古建技艺元素的数字化提取

一、徽州古建筑构件的数字化分析

（一）徽州古建中的木构件种类

徽州古建中的木构件种类繁多、各具特色。梁架作为重要的承重构件，在徽州古建中有着广泛的应用。其形制多样、做法讲究，体现了徽州匠人的智慧与创造力。徽州建筑常见的梁架类型有抬梁式、穿斗式、井干式等，它们或简洁大方，或精巧玲珑，与建筑的整体风格相得益彰。

以抬梁式为例，其基本构成为一根贯通全堂的大梁，梁两端架在穿斗上，中间由多根柱子支撑。这种结构强调横向承重，适用于开间较大的厅堂空间。梁的截面形状多为矩形或角线形，其尺寸大小视跨度和荷载而定。为了提高梁的承载力，往往在梁的中下部开槽，嵌入一根或数根附条，这一做法不仅增强了梁的抗弯强度，也丰富了梁的立面造型。

穿斗式梁架较为复杂，由一系列上下重叠的穿枋、台度枋、令栱等部件组成，依次承载楼板的荷载。穿斗式梁架的特点在于分散荷载、减小跨度，从而达到节省材料、减轻重量的目的。同时，精巧的构件设计和错落有致的肌理也为建筑平添了几分雅致。

井干式梁架由柱、额、井字栱组成，柱顶连两道重叠的额，额上用四根斜抹的井字栱扣放，呈现出一种轴对称的稳健形态，常见于徽州民居的天井周边。

除梁架外，斗拱也是徽州古建中一种典型的木构件。斗拱一般位于梁和柱的连接处，由一系列上下叠砌的斗形块和拱形材料组成，主要功能是将梁上的荷载传递到柱子。不同建筑的斗拱在做法上各有讲究，常见的有单昂、双昂、素方斗拱等类型。其中，双昂斗拱造型最为丰富，拱中常雕刻精美的图案，既有结构作用，又有装饰功能。

檐口也是徽州古建的一大特色，其构造繁复、形态多样。飞檐是檐口的重要组成部分，由一系列檩条、椽子、垂木、飞椽等构件支撑而成。其中，檩条呈曲线形，端部翘起，形成飞翘的形态，椽子沿檩条呈辐射状布置，形成扇面的造型。飞檐不仅能遮风挡雨，形成挑檐深、层次丰富的屋顶形象，也为建筑增添了灵动飘逸的韵味。

（二）三维扫描技术在徽州古建筑构件数字化分析中的应用

三维扫描技术作为一种高精度的数字化采集手段，在徽州古建筑构件的数字化分析中发挥着关键作用。通过三维激光扫描仪对构件进行精细扫描，可以快速、准确地获取构件的几何信息（包括尺寸、形状、纹理等），为深入研究构件的制作工艺、结构特点提供了翔实的数据基础。

三维扫描技术具有非接触、高效率、高精度等优势。传统的构件测绘方法（如手工测量、拓片等），不仅耗时耗力，而且难以全面、精确地记录构件的细节信息。而三维扫描能够在短时间内获取构件的海量三维点云数据，并通过专业软件进行拼接、优化，最终得到构件的高精度三维模型。这种数字化的构件模型不仅直观、逼真，而且易于存储、传输和分析，为后续的研究工作提供了便利。

在徽州古建筑构件的数字化分析中，三维扫描技术的应用主要体现在以下三个方面。

一是精确测绘构件的几何信息。通过扫描获得的三维模型，可以方便地提取构件的各项尺寸参数（如长、宽、高、直径等），为研究构件的比例关系、建造尺度提供依据。

二是分析构件的制作工艺。三维模型能够清晰地展现构件表面的纹理、图案、加工痕迹等细节，为探究构件的制作工序、使用工具提供直观的证据。通过分析构件的数字化模型，可以推断出古代匠人的技艺水平和审美追求。

三是揭示构件的结构特点。利用三维模型，研究人员能够观察构件内部的榫卯结构、受力分布等，深入理解传统木构建筑的结构原理和设计智慧。

构件的三维扫描数据还为虚拟仿真、数字展示等应用提供了数据支撑，通过三维建模软件，可以在虚拟环境中重现古建筑构件的安装过程，模拟其在建筑中的受力状况，加深对传统营造技艺的认识。将三维模型导入网络平台或虚拟现实系统，可以实现构件的在线展示和交互，使更多人能够欣赏和了解徽州古建的精妙构件。

（三）徽州古建筑构件数字化分析的意义

徽州古建筑构件数字化分析不仅是数字化再生过程中的重要一环，更为深入研究徽州古建的制作工艺提供了科学、准确的数据基础。通过对构件进行三维扫描、点云数据处理等，能够精准地提取构件的几何信息、尺寸参数，构建起逼真的数字模型。这些模型不仅直观展现了构件的外观形态，更蕴含了丰富的工艺信息，如榫卯结构、雕刻纹样等。通过分析这些信息，研究人员能够洞悉古代匠人的设计理念和技艺水平，揭示徽州古建的建造奥秘。

构件数字化分析为徽州古建的数字化保护和传承提供了重要支撑。一方面，我们可以利用数字模型对构件进行虚拟仿真，预演其在建筑中的受力性能和稳定性，为古建筑的修缮和加固提供科学依据。另一方面，构件数字化成果可以与 BIM 技术相结合，构建起完整的古建筑信息模型，实现对古建筑的全生命周期管理。这不仅有助于提高古建筑保护的针对性和有效性，更为古建筑的数字化展示与传播奠定了基础。

徽州古建筑构件的制作工艺不仅体现在其几何形态上，更蕴含在材料选用、加工手法、表面处理等诸多细节中。单纯的几何信息提取尚不足以全面揭示其工艺奥秘，还需要与其他数字化手段相结合（如材料成分分析、工具痕迹识别等），这样才能真正还原古代匠人的非凡智慧和精湛技艺。这对数字化分析技术提出了更高要求，需要多学科协同攻关，不断创新方法和手段。

徽州古建筑构件数字化分析还需要与传统工艺调查相结合，充分吸收古建筑营造经验和口传知识。这些经验和知识虽然没有明确的数据支撑，但是凝结了代代匠人的智慧，对理解构件的制作工艺和背后的文化内涵具有重要价值。

通过梳理、提炼这些经验和知识，并与数字化分析成果相印证，能够更加全面、准确地认识徽州古建筑构件的制作工艺，促进理论认识与实践经验有机结合。

二、徽州古建传统装饰元素的数字化提取

（一）砖雕、木雕、石雕等传统装饰元素的特点

砖雕、木雕、石雕等传统装饰元素是徽州古建艺术的精髓所在。这些装饰元素不仅体现了精湛的工艺技巧，更蕴含着深厚的文化内涵和审美情趣。它们与建筑结构巧妙融合，构成了一幅幅栩栩如生的艺术画卷，为古建筑增添了无限韵味。

从图案来看，徽州古建装饰元素以写实性和写意性相结合的手法，将自然界的花鸟鱼虫、山水树木等形象提炼和概括出来，形成了独具特色的装饰语言。砖雕多以连续重复的几何纹样为主，如回纹、云纹、菱形纹等，体现出简约、理性的装饰风格；木雕则更注重对现实生活的描绘，常见的有人物、动物、植物等形象，线条流畅、栩栩如生；石雕题材广泛，上至仙佛神怪，下至世俗百态，造型夸张、神态传神。这些装饰图案既有写实的形神兼备，又有写意的简练概括，呈现出丰富多样的艺术表现力。

从题材来看，徽州古建装饰元素往往寄寓着美好的祝愿和教化。砖雕中常见的灵芝、佛手等吉祥物寓意长寿平安；凤凰、龙等神兽象征吉祥如意；忍冬、牡丹等花卉体现富贵祥和。木雕中的仕女、童子形象往往体现出伦理道德和君子人格；麒麟、狮子等神兽则象征着权势和地位；松鹤、梅兰等意象寄托着高洁脱俗的情怀。石雕则更多地表现历史典故和文学典籍，体现了文人雅士的文化品位和精神追求。这些装饰题材不仅美化了建筑外观，更传达出深刻的思想内涵和人文关怀。

从风格来看，徽州古建装饰元素呈现出简约、质朴、精致的特点。砖雕多采用平面浅刻的技法，线条简洁有力，注重装饰效果的整体性和节奏感；木雕讲究阴阳向背、虚实结合，造型生动灵活，体现出细腻精巧的技艺；石雕则更强调体块的厚重感和立体感，刀法刚劲有力，气势雄浑苍劲。无论是砖雕、木雕还是石雕，都秉承着“适度、和谐、内敛、典雅”的风格特征，彰显出徽州文化厚重、质朴、清新的审美理念。这种朴素无华、精工细作的装饰风格与建筑本身的简洁大方相得益彰，构成了徽州古建独特的艺术魅力。

正是由于这些传统装饰元素在图案、题材、风格等方面的完美呈现，才使

得徽州古建熠熠生辉，成为中国古建筑艺术宝库中的璀璨明珠。深入剖析这些装饰元素的特点，不仅有助于我们认识和理解徽州古建的独特价值，更为传统建筑装饰艺术的传承和创新提供了宝贵的灵感。在新时代背景下，我们要继续挖掘和弘扬这些优秀的装饰元素，使其焕发新的生命力，在现代建筑设计中得以创造性的运用和发展，为人们营造更加美好、和谐的生活环境。

（二）计算机视觉技术在传统装饰元素提取中的应用

计算机视觉技术为徽州传统装饰元素的数字化提取提供了强大的技术支持。传统的人工提取方法耗时费力，而且容易受主观因素影响，难以完整、准确地提取装饰纹样的细节特征。而计算机视觉技术可以通过图像分割、特征提取、模式识别等一系列算法，自动、高效、准确地完成这一任务。具体而言，计算机视觉技术在装饰纹样提取中的应用主要体现在以下方面。

图像分割技术可以将徽州传统建筑装饰图像中的纹样与背景分离，为后续的特征提取奠定基础。常用的图像分割算法包括阈值分割、边缘检测、区域生长等。通过这些算法，可以准确定位装饰纹样的位置和范围，排除背景干扰。例如，对于砖雕装饰图案，可以利用边缘检测算法提取雕刻线条，再通过区域生长算法分割出完整的纹样区域。

特征提取技术可以从分割出的纹样区域中提取出具有区分性的特征，如纹样的几何形状、纹理、色彩等。这些特征是识别和分类纹样的关键。常用的特征提取方法包括 SIFT（尺度不变特征变换）、HOG（方向梯度直方图）、LBP（局部二值模式）等。通过这些算法，可以将纹样转化为数字化的特征向量，便于后续的模式识别和分类。以木雕装饰纹样为例，HOG 算法可以捕捉纹样的纹理和边缘方向信息，形成独特的“指纹”。

模式识别技术可以利用机器学习算法［如支持向量机（SVM）、卷积神经网络（CNN）等］，根据提取的特征对纹样进行分类和识别。通过对大量样本数据的训练，识别模型可以学习到不同纹样类别的判别规则，从而对新的纹样图像进行自动分类。例如，利用 CNN 算法，可以建立一个多层级的徽州传统纹样识别模型。该模型可以逐层提取纹样的局部和整体特征，并自动学习其组合规律，从而准确识别不同的纹样类型，如植物纹样、动物纹样、几何纹样等。

基于识别结果，可以进一步对纹样的结构和组成进行语义分析，提取其中蕴含的美学规律和设计思想。通过对大量纹样数据的挖掘分析，可以发现一些隐含的模式和规律，如不同时期、不同地域纹样的演变特点，纹样与建筑风格的关联性等。这些认知对于深入理解徽州传统装饰艺术，以及将其应用于现代设计实践具有重要意义。

三、徽州古建材料与工艺的数字化记录

（一）徽州古建中的木材选用与处理工艺

徽州古建中木材的选用与处理工艺凝结了古建匠人的智慧，体现出传统建筑营造中对材料属性的深刻理解和对技艺流程的精湛把控。古建匠人对木材的选用有着严格的标准和考究的眼光。他们通常选取生长在山林中、树龄在数十年以上的木料，特别青睐于直干通长、纹理通直、无虫蛀腐朽的优质木材。松木、杉木、楠木等均是徽州古建中的常用木材。其中，气干密度低、耐腐性强的马尾松最为理想，常被用于梁架等重要构件。而杉木质地轻软、易于加工，多用于檩条、椽等次要构件。

为充分发挥木材的物理力学性能，古建匠人对其进行了一系列精细而复杂的处理。首先是晾晒，将木材在通风干燥处堆垛存放，使其含水率降至合适范围，增强其强度和稳定性。晾晒过程中要注意避免暴晒和淋雨，以免产生开裂和变形。晾晒之后，还要对木材进行刨光，使其表面平整光滑，同时有利于后续的雕刻、油饰等装饰工艺。值得一提的是，徽州古建的木构件多采用榫卯结构，对木材的加工精度要求极高。匠人使用各种类型的刨、锯、凿等工具，将木料切削、打磨至恰到好处，才能确保榫卯严密吻合，骨架稳固牢靠。

木材的选用与处理还体现了徽州古建的生态理念。匠人并非肆意砍伐，而是遵循“就地取材、因材施用”的原则。他们充分利用当地可得的木材资源，将环境负荷降到最低。同时，通过合理的材料处理和构造设计，徽州古建的木构件才能在自然条件下储存数十年而不朽，体现出可持续性的特点。即便是报废的木料，也可回收再利用，或者作为薪柴，真正做到物尽其用。

（二）利用影像采集与数字化存储技术记录古建材料工艺

在徽州古建技艺的数字化记录过程中，影像采集与数字化存储技术发挥着至关重要的作用。全景相机和视频记录等先进设备的运用，为古建材料工艺的精准记录和永久保存提供了可靠保障。通过高清影像和视频资料，我们能够直观地还原古建筑材料选用与加工过程的历史原貌，为后世研究和传承提供宝贵的数字化档案。

专业级全景相机凭借其出色的光学性能和高分辨率成像能力，能够完整、清晰地捕捉古建筑木材、砖瓦、石料等材料的纹理、色泽、质地等细节特征。通过多角度、多方位的全景拍摄，研究人员可以全面审视建筑材料的选材标准、加工工艺，深入分析其背后蕴含的营造智慧。同时，高精度的影像资料为古建筑测绘、三维建模等数字化应用奠定了坚实基础。

视频记录技术则生动再现了古建材料从毛坯到成品的演变历程。通过对选材、晾晒、刨光、雕琢等关键工序的动态跟踪拍摄，我们得以窥见传统工匠精湛的技艺和独到的匠心。这些珍贵的视频影像不仅具有极高的史料价值，更是弘扬优秀传统文化、激励当代工匠创新创造的重要载体。

数字化存储是影像采集工作的必要延续。海量的高清影像和视频资料如果得不到妥善保存和管理，其价值将大打折扣。因此，建立规范化的数字资料库，运用云存储、分布式存储等现代信息技术手段，对采集到的影像资料进行系统整理、分类和编目，形成完整、专业的数字化档案体系，是一项刻不容缓的任务。只有数字化档案得到长期、稳定、安全的存储，才能实现古建筑工艺数据资源的充分利用和共享传播。

四、徽州古建空间布局与环境因素的数字化分析

（一）三维扫描与 BIM 技术重建徽州古建空间布局

三维扫描和 BIM 技术为重建徽州古建空间布局提供了强大的技术支持。徽州古建以其精巧的建筑结构、独特的空间布局和深厚的文化内涵闻名于世。然而，随着时间的流逝，许多徽州古建已经不同程度地损毁，亟须修缮和保护。传统的测绘方法难以全面、精确地记录古建筑的空间信息，而三维扫描技术的出现为古建筑数字化保护提供了新的途径。

三维激光扫描仪可以快速、高精度地采集古建筑表面的点云数据，通过点云数据处理软件生成高精度的三维模型，真实再现古建筑的空间形态。与传统测绘方法相比，三维扫描技术具有数据采集速度快、精度高、内容全面等优势。通过三维扫描，可以采集到古建筑的每一个细节，包括精美的木雕、砖雕、石雕等装饰元素，为古建筑的数字化保护和研究提供了翔实的数据基础。

在三维扫描的基础上，BIM 技术可以进一步重建徽州古建的空间布局。BIM 即建筑信息模型，是以三维数字技术为基础，集成了建筑学、工程学、信息技术等多学科知识的建筑数据平台。通过 BIM 技术，可以在虚拟环境中构建

古建筑的数字化模型，包括建筑平面布局、立面造型、剖面构造等空间信息。BIM 技术不仅能够直观地展示古建筑的空间形态，还能够集成大量的建筑信息，如材料、结构、工艺、历史沿革等，为古建筑的保护和研究提供全面、系统的数据支持。

BIM 技术还可以模拟徽州古建的光影变化、通风采光等环境因素，为深入研究徽州古建的空间布局奠定基础。徽州古建讲究建筑与自然环境的和谐统一。通过 BIM 技术模拟不同时间、不同季节下阳光在建筑中的流动变化，可以揭示徽州古建独特的采光设计；通过模拟建筑内部的气流运动，可以分析徽州古建的通风换气效果。这些环境分析有助于人们更好地理解徽州古建的空间布局智慧，为当代建筑设计提供有益启示。

基于三维扫描和 BIM 技术构建的数字化模型，可以应用于徽州古建的数字化展示和传播。通过虚拟现实、增强现实等技术手段，可以让公众身临其境地欣赏徽州古建的空间魅力，感受徽州文化的深厚底蕴。数字化展示有助于提升徽州古建的社会影响力，促进徽州文化的传承与发展。

（二）环境监测传感器在古建环境数据采集中的应用

环境监测传感器在古建环境数据采集中发挥着至关重要的作用，为古建筑保护与研究提供了坚实的数据支撑。在徽州古建中，温度、湿度、光照等环境因素对木结构、砖石材料、彩绘装饰等构件的影响尤为显著。长期处于不适宜的温度和湿度环境下，木构件易发生开裂、变形，砖石材料会出现风化、盐析等病害，彩绘则可能出现色彩褪色、脱落等现象。而强烈的光照不仅会加速这些病害的发生，还会导致木材褪色、变脆。因此，及时、准确地监测古建环境参数，对于分析病害成因、制定保护措施至关重要。

在环境监测传感器的选择上，需要综合考虑测量精度、稳定性、便携性等因素。就温度和湿度监测而言，可采用高精度的数字温度和湿度传感器，如 SHT 系列、DHT 系列等。这类传感器具有体积小、功耗低、输出信号与温度和湿度成线性关系等优点，能够满足古建环境监测的需求。同时，可以搭配数据采集模块和无线传输模块，实现远程、实时的数据传输和存储。而在光照监测方面，可选用光敏电阻或光电二极管等传感器，通过测量不同波长光的强度，评估光照可能对古建筑构件产生的影响。

环境监测传感器布设时，需要权衡空间代表性与布点密度。一方面，传感器布点应覆盖古建主要区域，尤其是容易发生病害的重点部位；另一方面，过于密集的布点不仅成本高，而且可能对古建整体景观产生影响。此外，微环境因素也不容忽视。例如，局部空间的通风条件、热源分布等，都会影响局部环境参数。因此，布点方案的制定需要建立在全面调研的基础之上，兼顾宏观需求与微观影响。

环境监测数据的分析与应用是环境监测的落脚点，通过对采集数据的统计分析，可以掌握古建环境的总体特征，评估环境因素对构件材料的影响。例如，通过对温度和湿度数据的分析，可以判断木构件是否处于安全的含水率范围内，预判开裂、虫蛀等病害发生的风险；通过对光照数据的分析，可以估算彩绘褪色的速率，为制定防护措施提供依据。此外，环境监测数据还可用于指导古建修缮工程。在修缮前后对比环境参数的变化，能够评估修缮措施的效果，优化技术方案。

第三节　徽州古建技艺的数字化保护

一、徽州古建技艺的数字化采集与整理

（一）徽州古建技艺数字化采集的方法与技术路线

徽州古建技艺数字化采集是保护和传承这一宝贵非物质文化遗产的关键一环。为了全面、系统地记录徽州古建的精髓，采集工作需要运用多种先进的数字化技术手段，如三维激光扫描、数字摄影测量、全景拍摄等。其中，三维激光扫描技术以其高精度、高效率、非接触等优势，在古建筑数字化采集中发挥着越来越重要的作用。通过三维激光扫描，可以快速获取古建筑的几何信息和纹理信息，生成高精度的点云数据和三维模型，为后续的数据处理和应用奠定基础。

数字摄影测量技术则利用数码相机从不同角度拍摄古建筑，通过解析照片获取物体的三维几何信息。与传统的手工测绘相比，数字摄影测量具有精度高、效率高、成本低等优点。利用这一技术，可以高效、经济地采集古建筑的几何数据，并通过数字图像处理技术提取纹理等属性信息。此外，全景拍摄技术通过360度无死角的影像记录，为古建筑提供了身临其境的数字化展示方式。通过全景影像，人们可以在虚拟环境中漫游古建筑，欣赏其精美的构件和装饰，感受其独特的文化魅力。

除了硬件设备和软件系统，徽州古建技艺数字化采集还需要一支多学科交叉的专业团队。这支团队不仅要精通数字化技术，更要深谙徽州古建的建造工艺和美学特征。只有将现代科技与传统智慧相结合，才能真正揭示古建筑的精髓，实现高质量、高水平的数字化采集。在实际操作中，采集团队需要对徽州古建进行全面的调研和分析，根据不同构件、不同材质、不同工艺的特点，制定科学合理的采集方案。同时，要建立规范化的工作流程和质量控制体系，确保采集数据的准确性、完整性和一致性。

数字化采集只是保护和传承徽州古建技艺的第一步，后续还需要进行数据处理、信息提取、知识关联等一系列工作，最终形成可检索、可分析、可应用的数字化资源。因此，建立古建筑数字化采集的技术规范和标准体系，对于促进各参与主体的协同配合、提高工作效率和质量至关重要。只有不断完善数字化采集的方法和流程，提升采集团队的专业素养，才能为徽州古建的数字化保护和传承提供坚实的数据基础。

（二）数据分类整理与标准化

徽州古建技艺作为我国重要的非物质文化遗产，其数字化采集所获取的海量数据需要进行科学分类与系统整理，这是数字化保护工作的关键一环。建立科学完善的数据分类体系，不仅有利于数据的高效管理和利用，更是深入挖掘徽州古建技艺内涵、阐释其文化价值的重要基础。

从内容维度来看，徽州古建技艺数字化采集涵盖了构件、装饰、材料、工艺、布局等多个方面。其中，构件数据包括梁架、斗拱、门窗等建筑结构要素；装饰数据则涉及彩画、雕刻、砖雕等装饰工艺；材料数据重点关注砖、瓦、木材等建筑材料的性质与用法；工艺数据详细记录砌筑、榫卯、油工等传统营造技艺的操作流程；布局数据则立足全局，展现建筑整体空间布置和景观营造手法。对于如此纷繁复杂的数据类型，必须进行科学的分门别类，提炼共性、把握个性，方能为后续的数据处理和应用奠定良好的基础。

从价值维度来看，对徽州古建技艺数字化采集的数据进行分类整理，有助于深度认知其历史文化价值。对构件数据的系统梳理，可以探究徽州古建的结构特征和建造理念；对装饰数据的综合分析，能够揭示徽州民居的审美情趣和地域文化特色；对材料、工艺、布局等方面数据的专题研究，则为还原传统营造智慧、阐发技艺精髓提供了宝贵的素材。这些认知成果不仅能丰富徽州古建研究的学术内涵，更能为文化遗产保护与传承实践提供科学指引。

从应用维度来看，徽州古建技艺数字化采集数据的分类整理是其转化应用的重要前提。只有对海量异构数据进行分门归类、系统盘点，才能从中发现有价值的信息，提炼出可资利用的知识。比如，对构件数据的智能分析，可以为古建筑结构安全性能评估提供依据；对装饰数据的创新利用，能够为文创产品设计提供灵感；材料、工艺方面的数据则可应用于修缮工程指导和工匠培训教材编制。数据分类整理工作的质量，直接关系到大数据技术赋能文化遗产保护的广度和深度。

建立徽州古建技艺数字化采集数据分类体系绝非一蹴而就，而是一个长期而复杂的系统工程。首先，要立足一手调查，深入发掘每处古建、每个构件、每种工艺的独特性，精准把握数据分类的“度”与“量”；其次，要博采众长、集思广益，吸收文物、建筑、信息等多学科力量，合力构建科学规范的元数据标准；最后，需注重实践检验，在数据汇交、比对、关联过程中不断修正和完善分类框架，确保其适用性和先进性。只有循序渐进、持之以恒，才能真正建成一套涵盖全面、框架清晰、逻辑严密的数据分类整理体系，为徽州古建技艺的数字化保护和创新应用提供坚实的数据支撑。

二、徽州古建技艺的数字化展示与传播

（一）展示形式与载体

在数字时代，虚拟现实、增强现实等新媒体技术为徽州古建技艺的展示与传播提供了前所未有的机遇。传统的徽州古建展示方式（如实物陈列、图文介绍等），虽然直观真实，但是缺乏沉浸感和互动性，难以充分调动观众的感官体验。而虚拟现实技术能够打破时空限制，将观众“带入”古建筑营造的场景之中，身临其境地感受古人的智慧。

利用虚拟现实技术，可以精准再现徽州古建的三维立体形象，包括建筑布局、构件组合、装饰细节等。观众戴上 VR 眼镜，即可“漫步”于虚拟的徽州古建筑之中，360 度全方位观察其结构之美、工艺之精。同时，VR 系统可以嵌入语音讲解、文字标注等多媒体信息，为观众提供丰富的背景知识，加深其对古建筑的理解和认知。这种沉浸式、多维度的展示方式，能够最大限度地吸引观众的注意力，激发其探索古建筑奥秘的兴趣。

除了虚拟现实，增强现实技术在徽州古建展示中也大有可为。不同于 VR 营造全虚拟场景，AR 将虚拟信息叠加于真实环境之上。运用 AR 技术，可以在

徽州古建实景中添加数字化的构件解说、工艺演示等内容。观众通过手机、平板等移动终端，对准建筑的特定部位，即可呼出相关的多媒体信息，实现虚实结合、互动探索。比如，当观众对准徽州古建的砖雕时，AR 系统可以弹出该构件的制作工艺流程演示（或匠人、传承人的口述史视频），让观众更立体地感知传统技艺的精妙。

应用虚拟现实、增强现实等数字化手段，不仅能够增强徽州古建展示的吸引力，提升观众的参观体验，更有助于古建筑知识的普及和传承。通过生动直观的场景再现和互动体验，能够让更多年轻一代直观理解、感性认知传统建筑的价值，从而唤起他们保护和传承古建技艺的自觉性。数字化展示也为徽州古建知识的传播拓宽了渠道，借助移动互联网，可以将古建筑的魅力传递给更广泛的受众群体。

（二）内容生动性与互动性设计

徽州古建数字化展示的生动性和互动性设计是提升参观体验、增强知识传播效果的关键所在。传统的古建筑展示多采用静态的文字、图片、模型等形式，难以充分调动观众的感官体验和参与热情。而数字化技术的发展为古建展示注入了新的活力，使得丰富多彩的展示形式和深度互动成为可能。

数字化展示可以利用多媒体技术，将图像、视频、音频、动画等多种元素巧妙融合，全方位、立体化地再现徽州古建的历史风貌和文化内涵。例如，通过高清图片和三维模型，观众可以 360 度无死角地欣赏古建筑的精美构件和装饰细节；通过声光电结合的沉浸式影音，观众可以身临其境地感受徽州民居的生活场景和历史事件；通过动态演示和交互操作，观众可以深入了解木构件的榫卯结构、砖石墙体的砌筑工艺等传统营造技艺的精髓。生动形象的数字化展示，不仅能吸引观众驻足欣赏，更能引发其探索古建奥秘的兴趣，使其在潜移默化中接受知识的熏陶。

数字化展示可以充分发挥互联网和智能设备的优势，打造个性化、参与式的互动体验。古建筑蕴含着丰富的历史文化内涵，不同观众对其的兴趣点各不相同。借助大数据分析和人工智能技术，数字展示系统可以根据观众的年龄、职业、兴趣等特征，智能推荐个性化的参观路线和主题解说，满足观众的差异化需求。同时，各类互动小游戏和体验活动（如角色扮演、场景重现、技艺挑战等）的引入能够调动观众参与展示的主动性，使其在寓教于乐中加深对古建知识的理解和记忆。灵活多样的互动设计，能够拉近观众与古建筑之间的距离，唤起其文化认同感和传承意识。

移动互联技术的应用能突破时空限制，延伸数字化展示的广度和深度。观众可以通过手机等移动终端，随时随地浏览徽州古建的数字化资源，在线学习相关的历史文化知识。视频直播、VR全景等功能的嵌入，更能让观众足不出户就能身临其境地游览古建胜景，感受徽州文化的独特魅力。移动互联的便捷性和沉浸感，能够吸引更多的年轻群体走进古建筑，成为传统文化的“自来水”。

创意策划是数字化展示生动性和互动性的灵魂所在。再先进的技术手段，如果脱离了鲜活的创意，也难以产生吸引力和感染力。因此，在数字展示的设计过程中，需要充分发挥策划团队的想象力和创造力，围绕古建筑的特色元素、文化内涵，策划一系列新颖有趣、寓教于乐的展示创意和互动环节。比如，以徽州民居的“天井”为灵感，设计一款益智类游戏，让观众在组合搭建天井的过程中领略其巧夺天工的布局设计；又如，以新安江上的古桥为载体，开发一部情景互动剧，让观众在体验桥上生活的同时，感悟“桥文化”的博大精深。创意策划需要立足文化本源，面向大众需求，在传统与现代、知识与趣味、艺术与科技之间找到最佳的结合点，为数字化展示注入强大的生命力。

（三）传播渠道拓展与受众分析

徽州古建技艺数字化传播的成功离不开渠道拓展和受众分析。在互联网时代，我们拥有了前所未有的传播平台和手段，这为徽州古建技艺的普及和推广提供了广阔空间。然而，面对纷繁复杂的网络环境和多元化的受众群体，如何有的放矢地开展传播工作，实现精准传播与高效互动，是一个值得深入探讨的问题。

互联网平台是徽州古建技艺数字化传播的重要阵地，我们可以利用门户网站、社交媒体、视频网站等多种形式，以图文、音视频等丰富多样的方式呈现徽州古建的魅力。比如，在门户网站开设专题页面，系统介绍徽州古建的历史渊源、建筑风格、技艺特色等；在社交媒体上发布精美的图片和短视频，吸引用户关注和转发；在视频网站上上传纪录片、宣传片等，生动展现徽州古建的神韵和价值。与此同时，可以借助网络直播、VR体验等新技术手段，让受众身临其境地感受徽州古建之美。

移动端也是徽州古建技艺数字化传播不容忽视的渠道。随着智能手机的普及和移动互联网的发展，人们获取信息的方式日益碎片化和便捷化。开发融合徽州古建元素的手机游戏，设计、制作徽州古建主题的手机壁纸和表情包，都是寓教于乐、潜移默化的传播方式。同时，可以开发徽州古建导览 APP，为游客提供线路规划、语音讲解等服务，让徽州古建的魅力随时随地触手可及。

受众分析是徽州古建技艺数字化传播的基础，只有深入了解不同受众的特点和需求，才能有针对性地开展传播工作。我们要充分利用大数据技术，收集和分析用户的浏览行为、兴趣爱好、地域分布等信息，从而实现精准推送和个性化服务。对于专业人士，可以提供深度的案例分析和技术解读；对于普通大众，则要注重运用通俗易懂、生动有趣的表达方式；对于青少年群体，更要强调互动参与和沉浸式体验。只有用“对味”的内容“投其所好”，才能真正引起共鸣、赢得认同。

跨界合作是拓展徽州古建技艺数字化传播渠道的有效途径，相关部门可以在旅游、文创、教育等领域开展合作，将徽州古建元素融入旅游线路设计、文创产品开发、校园文化建设等，实现资源共享、优势互补。比如，与旅游公司合作，在徽州古镇推出“寻古建、学技艺”主题游，让游客在欣赏徽州古建之美的同时，亲身体验砖雕、木雕等技艺的魅力；与高校合作，将徽州古建技艺纳入建筑、设计等专业的教学内容，培养一批热爱并传承徽州古建技艺的青年人才。

三、徽州古建技艺的数字化修复与再现

（一）构件、装饰的数字化修复

在徽州古建中，由于自然和人为等因素的影响，一些构件和装饰难免会出现破损。传统的修复方法需要投入大量人力物力，周期长、成本高，而且可能对古建筑原有风貌造成不可逆转的改变。数字化修复技术的出现为破损构件、装饰的修复提供了新的思路和途径。

数字化修复是指运用计算机图形学、虚拟现实等现代数字技术，在虚拟环境中对古建筑损毁构件进行数字化重建和修复。首先，通过三维扫描、数字摄影测量等技术，获取破损构件的高精度三维数据，建立其数字模型。在此基础上，修复人员可以在计算机中模拟各种修复方案，预览修复效果。这种方式可以最大限度地保有古建筑的原真性，防止因修复而造成的二次损害。

以木构件的数字化修复为例，利用三维激光扫描获得构件表面的点云数据，再结合数字照片纹理映射技术，精准复原构件的几何形态和纹理特征。针对木

构件常见的虫蛀、开裂等病害，可通过三维重建软件对点云模型进行数字化“修补”。修复后的数字模型不仅可作为实物修复的参考，还能与增强现实技术、虚拟现实技术等结合并直接应用于数字展示中。

墙体彩画是徽州古建的一大特色，但由于年代久远，不少彩画出现了不同程度的剥落、褪色。运用数字化修复技术，可以在不触碰原壁画的前提下，对其破损部分进行虚拟修复。修复人员在高清数字照片上进行数字绘制，参照残存部分的色彩和纹样，推断缺失部分的图案。这种无损、可逆的修复方式为珍贵壁画的数字化保护和展示开辟了新的途径。

除了对破损构件、装饰的数字化修复，数字化修复技术在古建预防性保护方面也大有可为。通过对古建数字模型进行结构仿真分析，可以及早发现安全隐患，为加固维护提供科学依据。

数字化修复并非万能，它在一定程度上依然受制于扫描精度、建模算法等技术瓶颈。此外，虚拟修复得出的色彩、纹样也难免掺杂一定的主观臆断。但不可否认，作为一种全新的文物保护手段，数字化修复正日益彰显出其独特优势和广阔前景。

（二）传统营造技艺的数字化再现

徽州传统营造技艺的数字化再现是保护和传承这一宝贵文化遗产的重要途径。通过先进的数字化技术，我们可以全面、系统地记录和再现徽州古建营造的全过程，使这些珍贵的技艺得以永续传承。

在数字化再现过程中，利用三维扫描、摄影测量等技术，可以高精度地采集徽州古建的数据信息，包括构件尺寸、材料肌理、装饰纹样等。这些数据经过分类整理和标准化处理后，可以构建起完整的徽州古建数字化部件库。这一部件库涵盖徽州古建营造所需的各类构件（如柱、梁、斗拱、窗棂等），可为后续的数字化再现奠定坚实基础。

在此基础上，通过数字化技术，可以在虚拟环境中逼真地再现出徽州古建的营造过程。利用 BIM 技术，可以按照徽州古建营造技艺的规律和步骤，在数字空间中组装各个部件，层层搭建，最终构建起完整的建筑模型。在这一过程中，传统的测绘放样、构件加工、现场安装等环节都可以在数字环境中实现，让人们清晰直观地了解徽州古建的营造工艺和建造逻辑。

数字化再现不仅能够展示徽州古建的最终形态，更能揭示其中蕴含的智慧。通过数字化手段，可以深入分析徽州古建的结构体系、受力特点、材料性能等，解密先人在建筑设计和施工中的精妙考量。同时，数字化再现为新的创作提供了广阔空间。设计师可以在数字模型的基础上进行再创作，探索传统营造技艺与现代设计理念的融合，激发创新灵感。这种创新不会对原有建筑本体造成干扰，却能延续其精神内核，是传统与现代的完美结合。

徽州古建数字化再现所积累的海量数据，也为多领域的研究提供了宝贵资料。建筑学、历史学、美术学等学科的学者，可以在数字化模型的支持下开展深入研究，从多角度、多层次揭示徽州古建的价值内涵。这些研究成果又能进一步丰富徽州古建数字化的内容，提升其学术价值和文化意义。

（三）传统材料工艺的数字化模拟仿真

徽州古建传统材料工艺的数字化模拟仿真是实现徽州古建技艺数字化保护的重要路径。徽州地区拥有悠久的建筑文化历史，形成了独具特色的古建筑营造技艺。这些技艺中蕴含着丰富的材料加工制作工艺，是非物质文化遗产的重要组成部分。然而，随着时代的发展，许多传统工艺面临失传的危险。因此，运用数字化技术对这些工艺进行模拟仿真，对于徽州古建技艺的传承和保护具有重要意义。

数字化模拟仿真技术能够将传统材料工艺的加工制作过程以数字化的方式呈现出来，使其可视化、可操作、可复现。通过对传统工艺每个环节进行详细的数据采集和分析，可以建立起完整的数字化工艺流程模型。这一模型不仅记录材料的选择、加工工具的使用、制作步骤的先后顺序等显性知识，而且能够揭示工艺背后的科学原理和技术诀窍等隐性知识。利用虚拟现实、增强现实等技术，还能够创设逼真的虚拟加工场景，让使用者身临其境地体验传统工艺的魅力。

数字化模拟仿真技术在徽州古建传统材料工艺保护中的应用前景广阔。以徽州古建中的木构件榫卯制作工艺为例，通过对不同木材的物理特性、榫卯形制的力学性能等进行数字化分析，可以优化榫卯设计，提高构件的稳定性和耐久性。再如，利用数字化模拟技术对砖瓦的烧制工艺进行仿真，能够探索不同配方、烧制温度对砖瓦品质的影响，为传统材料的改进提供新思路。对于彩画、雕刻等精细工艺，数字化模拟仿真技术则可以忠实地再现其制作过程，为工艺的传承和创新提供直观的参考。

数字化模拟仿真技术在徽州古建传统材料工艺保护中的应用，还有利于推动传统工艺与现代科技的融合发展。一方面，通过数字化手段，可以更加科学、系统地分析传统工艺中蕴含的科学原理，发掘其中的智慧结晶，为现代材料科学研究提供启示。另一方面，数字化模拟仿真技术为传统工艺注入了新的活力，使其能够适应现代社会的需求，焕发新的生命力。数字化的传统材料工艺模型可被广泛应用于文化遗产保护、历史建筑修缮、民居设计等领域，推动传统工艺与现代建筑、现代生活的融合，实现传统技艺的创造性转化和创新性发展。

四、徽州古建技艺的数字化存储与管理

（一）数据分类存储

徽州古建技艺数字化数据的分类存储是整个数字化保护工作的关键环节。徽州古建蕴含着丰富的历史文化信息，涵盖建筑构件、装饰纹样、材料工艺、营造技术等多个方面。这些内容类型多样，数据格式各异，对数字化存储提出了较高要求。为了实现数据的高效管理和便捷检索，必须建立科学合理的分类存储机制。

根据徽州古建数字化数据的特点，按照数据内容可分为文本、图像、三维模型、视频、音频等类别。文本数据包括古籍文献、营造章程等；图像数据包括建筑测绘图、装饰纹样图等；三维模型数据包括构件模型、建筑模型等；视频数据包括技艺操作过程记录；音频数据包括口述历史等。不同类型的数据在存储格式、压缩编码、检索方式上有所差异，需要采用相应的数据库进行管理。

按照数据的采集对象，可分为单体建筑、建筑构件、装饰纹样、材料工艺等类别。单体建筑数据涉及建筑的整体信息，如平面布局、立面造型、空间组合等；建筑构件数据涉及梁架、斗拱、门窗等细部；装饰纹样数据涉及砖雕、木雕、彩绘等装饰艺术；材料工艺数据涉及木材选用、砖瓦烧制、油漆调配等。不同采集对象的数据在内容上相对独立，又存在一定的关联，需要在存储时体现它们之间的逻辑关系。

按照数据的应用场景，可分为保护研究、展示传播、再现应用等类别。保护研究数据服务于文物保护和学术研究，对数据的真实性、完整性要求较高；展示传播数据服务于公众教育和文化弘扬，对数据的生动性、互动性要求较高；再现应用数据服务于传统营造实践和文创产品开发，对数据的标准化、关联性要求较高。不同应用场景对数据的处理方式和呈现形式有不同侧重，需要在存储时进行针对性设计。

在具体实施中，可以采用关系型数据库与非关系型数据库相结合的方式。

关系型数据库（如 MySQL，Oracle）适用于结构化程度高、关联性强的数据，如文本文献、元数据等；非关系型数据库（如 MongoDB，Redis）适用于结构化程度低、数据量大的数据，如三维点云、高清影像等。同时，需要建立数据仓库，对分散在各个数据库中的数据进行集中存储和管理，提供统一的数据视图和分析接口。

（二）数据安全防护

1. 建立健全数据备份机制

徽州古建数字化数据是宝贵的文化遗产资源，一旦丢失将难以挽回。因此，必须对原始数据、加工数据、元数据等进行定期备份，并采用异地备份、多介质备份等方式，最大限度地降低数据丢失风险。备份频率可根据数据的重要程度和更新频率来确定，关键数据应采用实时备份或高频备份。同时，应建立数据恢复机制，定期检测备份数据的完整性，确保在数据损毁时能够及时、准确地对其进行恢复。

2. 严格的访问控制

徽州古建数字化数据涉及众多敏感信息，如古建筑结构、材料、工艺等，一旦泄露，可能被不法分子利用。因此，必须实行严格的身份认证和权限管理，根据不同用户的身份、职责授予相应的数据访问权限。对于核心数据，还应设置多重身份验证，防止未经授权的访问和操作。访问控制还应涵盖数据采集、存储、传输、处理、发布等各个环节，全流程把控数据安全。

3. 数据加密

加密是指通过特定算法将数据转换为不可读的密文，只有获得密钥的授权用户才能解密还原。徽州古建数字化数据可采用对称加密或非对称加密算法实现全生命周期保护，涵盖静态存储加密、动态传输加密等多个方面。对于敏感度较高的元数据，还可以实施细粒度字段加密。而对于海量的多媒体数据，可以利用数字水印技术嵌入版权信息，防止数据被非法复制和传播。

4. 数据安全审计

数据安全审计是指通过对数据访问日志、操作记录等进行分析和审计，及时发现可疑行为与安全隐患。安全审计系统可基于大数据分析、机器学习等技术，智能识别异常访问模式，精准定位数据泄露源头。同时，安全审计应与数据备份、访问控制等措施联动，形成闭环管理，实现数据全生命周期的可追溯、可审计。

5. 数据安全教育和培训

再完善的安全防护措施，如果缺乏人员的安全意识和技能，也难以发挥实效。因此，要定期开展数据安全教育和培训，普及数据安全知识，提高从业人员的安全意识和防范能力。培训内容应涵盖法律法规、安全策略、操作规程、应急预案等，并针对不同岗位的特点进行有针对性的培训，通过案例分析、实战演练等方式，强化从业人员的数据保护意识和实际操作能力。

（三）资源共享与开放获取

徽州古建技艺蕴含着丰富的历史文化内涵和精湛的建筑营造智慧，是中华民族宝贵的文化遗产。在现代社会的发展进程中，如何有效保护和传承这一珍贵的文化瑰宝，已经成为摆在我们面前的重大课题。数字化技术的迅猛发展为徽州古建技艺的保护与传承提供了新的途径和可能。通过先进的数字化手段，我们可以全面、系统地采集和记录徽州古建的多方面信息，包括建筑构件、装饰图案、营造工艺、材料特性等，形成完备的数字化档案库。这不仅为深入研究徽州古建提供了翔实的第一手资料，也为后续的保护与修复工作奠定了坚实基础。

数字化采集只是第一步，要让古建技艺焕发新的生命力，还需要创新数字化展示与传播方式。运用虚拟现实、增强现实等沉浸式技术，可以生动直观地再现徽州古建的历史风貌和建造过程，让观众身临其境地感受传统营造技艺的魅力。而通过互联网平台的推广，徽州古建的数字化资源可以触达更广泛的受众群体，提高社会各界对传统建筑文化的认知度和保护意识。在教育领域，古建数字化成果也可以转化为生动活泼的教学资源，帮助学生直观地了解和学习传统文化知识。

对于破损或消逝的古建筑，数字化技术同样可以发挥重要作用。利用三维扫描等技术获取残存构件的精确数据，再结合历史资料和专家知识，就可以在数字空间中对古建筑进行虚拟修复和再现，在一定程度上弥补实体古建筑的缺失。这不仅有助于古建筑原貌的复原，也为后世研究人员提供了宝贵的数字化研究样本。在虚拟环境中，我们还可以模拟传统建造工艺和材料性能，为深入探究古代营造技术提供崭新的视角。

数字化保护成果的价值，很大程度上取决于数据资源的科学管理和有效利用。建立规范化的数据分类、存储和检索机制，是提高数字化资源利用效率的关键。通过元数据、本体等技术手段，对徽州古建的多源异构数据进行语义化描述和关联，增强数据的互操作性和检索性能。在数据安全方面，应当制定完善的数据备份、访问控制策略，建立多层次的安全防护体系。此外，推动数字化资源的共享开放也是大势所趋。通过构建共享平台，制定合理的使用规范，可以最大限度地发挥数字化成果的社会效益，让更多机构和个人参与到徽州古建保护与传承的事业中来。

第四节 徽州古建技艺的数字化传播与推广

一、数字化媒体在徽州古建技艺传播中的作用

（一）数字化媒体的内涵与特点

数字化媒体以其独特的内涵和特点，为徽州古建技艺的传播提供了全新的途径。与传统媒体相比，数字化媒体具有数字化、交互性、跨平台等显著优势。

数字化使得徽州古建的各种信息能够被转化为数字信号，通过计算机进行存储、处理和传输，大大提高了信息的保存和传播效率。同时，数字化意味着古建信息可以被无限次地复制和传播，而不会造成质量的损失，这对于珍贵的古建遗产而言尤为重要。

交互性是数字化媒体的另一重要特征。在传统的古建技艺传播中，受众往往处于被动接受的地位，难以与传播者形成有效互动。而数字化媒体打破了这一局限，通过超链接、搜索引擎、在线评论等多种形式，使受众能够主动获取感兴趣的古建信息，并与传播者甚至其他受众进行交流互动。这种交互性不仅增强了传播的趣味性和吸引力，更能促进受众对古建知识的深入理解和内化。

与传统媒体相比，数字化媒体还具有显著的跨平台优势。在数字时代，计算机、智能手机、平板电脑等电子设备已经成为人们获取信息的主要终端。而数字化的古建信息可以轻松地在不同设备之间进行传输和展示，无论是PC端、移动端还是其他智能终端，都能够为受众提供丰富、便捷的古建资源。这种跨

平台传播打破了时空的限制，使得徽州古建技艺能够走出地域的藩篱，被更广泛的受众群体了解和欣赏。

数字化媒体的种类和形式也日趋多样化，为徽州古建技艺传播提供了更多可能。数字图像、三维模型、虚拟现实等技术的应用，使得古建信息的呈现更加立体、生动、逼真。受众不仅能够看到静态的古建图片，还能360度全方位地欣赏古建之美，甚至身临其境地感受恢宏的建筑空间。数字化也使得古建信息能够与文字、声音、视频等多种媒体形式结合，形成丰富多彩的多媒体古建资源。比如，制作古建技艺的微视频，既能展示古建营造的精湛工艺，又能配以文字说明和音乐渲染，使传播内容更加丰满，也更具感染力。

在数字化媒体的助力下，徽州古建技艺的魅力正在被越来越多的人发掘。通过数字图书馆、在线博物馆、古建数据库等平台，海量的古建资源得以集中、分类、检索，为研究者和爱好者提供便利的学习渠道。一些古建保护利用的成功案例，也通过数字媒体得到广泛的宣传和推广，激发了全社会的古建保护意识。而借助数字化手段对古建筑构件、材料、技艺等进行记录、分析和复原，更是为徽州古建的数字化保护和再生提供了重要支撑。

（二）促进传播互动性

数字化媒体的快速发展为徽州古建技艺的传播和推广带来了新的机遇。虚拟现实、增强现实等沉浸式技术的应用，能够打破时空限制，让受众身临其境地感受徽州古建的独特魅力。通过虚拟现实技术，人们可以“漫步”在古朴典雅的徽州古建筑中，欣赏其精美的木雕、石雕、砖雕等装饰艺术，领略其独特的空间布局和建筑风格。这种身临其境的体验，不仅能够加深受众对徽州古建的理解和认知，更能激发他们探索与传承的兴趣。

与传统的图文、视频等传播方式相比，虚拟现实、增强现实技术还具有更强的互动性。受众不再是被动的信息接收者，而是主动参与到徽州古建的探索和学习中来。例如，通过虚拟现实技术，受众使用移动设备扫描徽州古建的某个构件，即可获取其相关的历史渊源、制作工艺、文化内涵等信息。这种互动式的传播方式，能够满足受众个性化、多样化的学习需求，提升其参与度和获得感。

虚拟现实、增强现实技术还为徽州古建技艺的数字化保护和再现提供了新的思路。利用三维扫描、数字建模等技术，可以将古建筑及其构件转化为数字模型，实现其在虚拟空间中的永久保存和展示。这不仅有助于抢救和保护一些濒危的古建遗存，也为后人研究和传承徽州古建技艺提供了宝贵的数字资源。通过增强现实技术，人们还可以在虚拟场景中模拟古建营造的全过程，体验传统匠人的建造技艺，领悟其中蕴含的智慧和艺术。

二、社交媒体与网络平台在徽州古建技艺推广中的应用

（一）社交媒体传播优势

社交媒体为徽州古建技艺的传播注入了新的活力。借助社交网络平台广泛的用户基础和便捷的信息分享功能，这一古老的建筑技艺焕发出勃勃生机。在社交媒体时代，无论是专业的徽州古建研究人员，还是对传统文化感兴趣的普通大众，都能通过微博、微信等渠道，随时随地了解和欣赏徽州古建的独特魅力。

徽州古建技艺之所以能在社交媒体平台上广受关注，与其内容的文化价值密不可分。饱含深厚历史积淀和精湛工艺水平的徽州古建，其朴素而不失精致的审美风格，对当代人追求返璞归真生活方式的心理产生了强烈共鸣。通过文字、图片、短视频等形式，分享徽州古建的建造过程、设计理念、装饰细节，能够满足人们对传统文化的好奇心和求知欲。社交媒体传播的互动性，更是为徽州古建爱好者提供了交流切磋的平台。他们可以在评论区、话题页等空间分享心得体会，探讨技艺细节，碰撞出思想的火花。这种跨地域、跨时空的交流互动，不仅拉近了彼此的距离，也让徽州古建技艺的传承与发展有了更为广阔的社会基础。

社交媒体为徽州古建技艺相关的文创产品提供了展示与销售的渠道，一些非遗传承人、手工艺者通过开设个人账号，向公众展示传统建筑工艺的独特魅力。直播制作、云展览参观等新颖的互动方式，让公众身临其境地感受到了传统技艺的精妙绝伦。

（二）网络平台推广活动

借助网络平台开展线上展览、知识竞赛等推广活动，是提高公众参与度、传播徽州古建技艺的重要途径。在信息时代背景下，网络平台凭借其便捷性、互动性和广泛性，已成为连接公众与文化遗产的重要桥梁。通过精心策划线上展览，可以打破时空限制，将徽州古建的精美图像、翔实文字、生动视频等呈现在公众面前，使其身临其境地感受徽州古建的独特魅力。同时，线上展览可以利用虚拟

现实、三维建模等数字技术，多角度、立体化地展示古建筑细节，满足公众的好奇心和探索欲。

除了线上展览，知识竞赛也是一种寓教于乐的推广方式。设计趣味性与知识性兼具的竞赛题目，能够激发公众参与热情，在互动答题的过程中潜移默化地普及古建知识。竞赛可以采取个人、团队等多种形式，通过排行榜、积分奖励等机制调动参与者的积极性。对于表现优异者，还可以提供实地考察、研学体验等奖励，进一步促进其对徽州古建的认知和情感认同。知识竞赛不仅能够扩大古建技艺的受众群体，更能培养一批热爱、珍视传统文化的“种子选手”。

网络平台还可以发挥联结多方力量的优势，整合社会资源，形成推广合力。与高校、研究机构、文博单位等开展合作，邀请专家学者开设线上讲座、参与互动问答，能够以权威、专业的解读吸引公众。与旅游平台、社交媒体跨界联动，能够借助其流量优势扩大传播范围。利用网络社群、粉丝团体等自发形成的文化社区，鼓励用户生成内容，能够使更多人才成为古建技艺传播的“自来水”。只有多管齐下、协同发力，才能形成线上线下互动、官方民间互补的立体传播格局。

三、数字化展览与互动体验在徽州古建技艺传播中的应用

（一）数字化展览的特点与优势

数字化展览凭借其独特的优势，为徽州古建技艺的传承与发展开辟了新的途径。与传统的实体展览相比，数字化展览突破了时间和空间的限制，使得观众能够随时随地欣赏到徽州古建的魅力。通过数字化技术手段，将古建筑的精美构件、繁复图案、巧夺天工的工艺细节完整地呈现出来，可以让观众身临其境地感受古人的智慧。这种沉浸式的体验方式，不仅能够激发观众的兴趣，更能加深他们对徽州古建文化内涵的理解和认同。

数字化展览的另一大优势在于具有交互性和个性化特点，观众不再是被动的欣赏者，而是可以根据自己的兴趣爱好，自主选择观展路线和内容。通过虚拟现实、增强现实等技术，观众可以与展品进行交互，亲身参与到建筑营造、装饰雕刻等传统工艺的体验中。这种参与式的学习方式，更有利于观众掌握相关知识和技能。同时，数字化展览可以根据不同观众的特点，提供个性化的讲解和服务，满足不同群体的需求。

数字化展览还大大拓宽了徽州古建技艺的传播渠道。通过网络平台，将展

览内容传递到全国乃至全世界，吸引更多人了解和欣赏徽州古建之美。这不仅有利于提升徽州古建的知名度和影响力，更能为其传承发展注入新的活力。借助数字化展览，开展丰富多彩的线上活动，如在线讲座、虚拟旅游、互动游戏等，能够进一步扩大徽州古建的受众群体，培养大众的文化自觉和保护意识。

（二）线上虚拟展厅建设

在数字时代的浪潮中，线上虚拟展厅正成为徽州古建技艺传承与弘扬的重要载体。借助 3D 建模等先进技术打破时空限制，能够在虚拟空间中再现徽州古建之美，感受徽州古建独特的艺术魅力。

通过数字化手段，徽州古建的精妙构造和典雅风格得以完整呈现。观众以 360 度视角全方位欣赏徽州古建的砖雕、木雕、石雕等精湛工艺，领略其错落有致的布局和雕梁画栋的华美。这种沉浸式的观展体验，使人宛如置身于古色古香的徽州街巷，亲身感受历史的厚重与文化的熏陶。

线上虚拟展厅不仅为徽州古建技艺搭建了展示平台，更为其保护与传承提供了新思路。通过数字化手段，可以对古建筑进行精准测绘和三维重建，形成永久的数字档案，并为修缮和研究提供可靠依据。即便岁月流转、风雨侵蚀，这些珍贵的建筑遗产也能以数字形式得以长久保存。

（三）交互式数字内容设计

交互式数字内容设计在徽州古建技艺传播中发挥着独特而重要的作用。通过游戏化学习、角色扮演等新颖的方式，将枯燥的古建知识转化为生动有趣的互动体验，使受众在轻松愉悦中领略徽州古建的精髓，收获知识与快乐的双重享受。

1. 游戏化学习

游戏化学习是交互式数字内容设计的一种有效策略，设计者可以将徽州古建的构件、样式、工艺等元素融入游戏情境中，让游戏玩家在完成任务、闯关夺宝的过程中自然习得相关知识。例如，开发一款虚拟搭建游戏，游戏玩家需要按照徽州古建的规制选取适当的构件，亲手搭建一座徽州民居。在反复尝试中，游戏玩家不仅能够掌握徽州建筑的基本要素，更能领悟其中蕴含的美学理念和文化内涵。类似的游戏化学习形式还有知识问答、情境模拟等，它们巧妙地将“玩”与“学”结合起来，激发受众的主动性和创造力，带来沉浸式的学习体验。

2. 角色扮演

角色扮演是另一种有助于徽州古建技艺传播的交互方式，通过数字技术构建虚拟场景，受众可以代入徽州工匠、商贾、文人等角色，身临其境地体验他们的生活。例如，开发一款增强现实应用，让用户化身古代木工，跟随师傅学习斫木、榫卯等技艺，设身处地感受匠人的艰辛与智慧。又如，设计一个虚拟现实互动体验，用户可以在虚拟的徽州街巷中漫步，与身着古装的虚拟人物对话，了解当地的风土人情和建筑故事。这些角色扮演活动可以打破时空限制，为受众提供沉浸式的文化体验，增强其对徽州古建的认同感和保护意识。

交互式数字内容设计的魅力还在于，它能够实现个性化和社交化的传播。借助大数据、人工智能等技术，系统可以分析用户的浏览行为和偏好，推送其感兴趣的古建知识。用户还可以在社交平台上分享游戏成果、角色体验，与志同道合者交流切磋，扩大传播范围。这种个性化、社交化的传播方式，一改过去传统文化推广的单向灌输模式，能够提高受众的参与度和互动性，增强徽州古建技艺的传播效果。

四、徽州古建数字化文创产品的开发

(一) 古建元素数字化提取

徽州古建凝结了先人的智慧，蕴含着丰富的艺术价值和历史内涵。在数字化时代，如何利用现代技术手段对这些珍贵的文化遗产进行保护、传承和创新，已经成为我们必须深入探讨的课题。将徽州古建元素提取出来并转化为数字化素材，是实现古建筑技艺创新应用的重要途径。通过三维扫描、摄影测量等数字化采集技术，精准、高效地获取古建筑的几何信息、纹理贴图等数据，并在此基础上构建起逼真的数字模型。这些模型不仅能够真实地再现古建筑的形制、结构、装饰等细节，更能够便捷地对其进行分解、变形、组合等再创作，为文创产品设计提供丰富的素材库。

数字化的徽州古建元素在文创产品设计中有着广阔的应用前景，设计师可以从中汲取灵感，将古朴厚重的徽州古建语言与现代设计理念巧妙融合，创造出兼具传统韵味和时尚气息的作品。比如，将徽州建筑中的马头墙、雀替等经典元素提取出来，简化、变形后用于家居产品、服装配饰的图案设计；或者利用斗拱、雀替的曲线造型，设计出富有动感和张力的工艺品、陈设艺术品等。

这些创新设计不仅能够传播徽州古建的独特魅力，更能激发人们对传统文化的认同感和自豪感。

数字化手段为徽州古建元素的创新应用提供了更多可能性。利用虚拟现实、增强现实等沉浸式技术，可以将古建筑的数字模型置入虚拟场景中，创造出身临其境的观赏体验；通过参数化设计，可以在保持徽州古建韵味的同时，灵活调整建筑的尺度、比例、材质等，生成个性化的创意方案；借助3D打印等快速成型技术，还能够将古建元素转化为精美的实体产品，让人们在日常生活中感受到徽州文化的魅力。这些创新应用不仅能够拓宽徽州古建技艺的传播渠道，也能为其注入新的生命力。

（二）数字化衍生品开发

数字化衍生品的开发是徽州古建技艺数字化再生的重要组成部分，它不仅能够丰富徽州古建文化的表现形式，更能够推动其商业价值的实现。在数字时代背景下，充分挖掘徽州古建元素的文化内涵，创新性地将其转化为具有徽派风格的虚拟形象、动画等数字化产品，已经成为传承和弘扬徽州古建技艺的必由之路。

徽州古建以其精湛的建造工艺和独特的艺术风格闻名于世。飞檐翘角、雕梁画栋、青瓦白墙，无不彰显着徽州匠人高超的建筑智慧和审美情趣。将这些富有特色的建筑元素提取出来，运用数字技术加以重组和创新，可以衍生出一系列极具视觉冲击力和文化感染力的虚拟形象。比如，设计师以徽州古建的经典造型为原型，融入现代美学理念，创造兼具传统韵味和时尚气息的虚拟形象。这些形象不仅能够作为徽州文化的视觉符号，更能够成为吸引年轻一代的文化载体，在社交媒体、网络游戏等数字平台上广泛传播。

除了虚拟形象，动画也是徽州古建技艺数字化衍生品开发的重要方向。利用3D建模、动作捕捉等先进技术，将徽州古建的建造过程、使用场景等生动地再现出来。观众不仅能够直观地了解徽州古建的结构原理和工艺特点，更能够身临其境地感受徽州文化的魅力。这种沉浸式的体验方式，能够有效激发人们对徽州古建技艺的兴趣和热爱，促进其文化价值的传播和认同。同时，动画作品可以融入故事情节、人物塑造等叙事元素，讲述发生在徽州古建中的动人故事，传递徽州文化的精神内核。这不仅能够拓展徽州古建技艺的表现空间，更能够为其注入新的文化内涵和情感共鸣。

数字化衍生品的开发不仅要立足文化传承，更要着眼商业价值。只有实现文化效益与经济效益的有机统一，才能为徽州古建技艺的可持续发展提供动力。因此，在衍生品开发过程中，要充分考虑市场需求和消费偏好，运用创意设计和精细制作，打造出兼具文化内涵和实用价值的数字化产品。比如，既可以将徽州古建元素应用到虚拟社交形象、网络表情包、游戏皮肤等领域，满足年轻一代的个性化需求；也可以将其融入到数字艺术品、虚拟展览、在线教育等文化产业中，创造出新的商业模式和营利点。总之，徽州古建技艺的数字化衍生品开发，既是面向现有文化消费市场的有益尝试，也是拓展未来文旅产业发展空间的长远布局。

（三）电商平台销售

在数字时代的浪潮中，徽州古建文创产品的销售与推广迎来了新的机遇。电商平台作为连接生产者和消费者的桥梁，正在发挥着越来越重要的作用。借助电商平台强大的网络渠道和海量用户基础，徽州古建文创产品有望实现销售规模的快速增长。

徽州古建文创产品蕴含着深厚的历史文化底蕴，展现了徽州古建独特的艺术魅力。将这些文化元素与现代设计理念相结合，创造出兼具实用性和审美价值的文创产品，能够吸引更多消费者的关注。通过电商平台的推广，这些产品不仅能触达更广泛的受众群体，还能借助平台的大数据分析和精准营销，实现对目标消费者的精准触达。

电商平台为徽州古建文创产品提供了多样化的展示方式和互动体验，通过高清图片、视频、VR 等形式，消费者可以更直观地了解产品的设计理念和制作工艺。借助直播、短视频等互动手段，文创从业人员还能与消费者实时互动，分享产品背后的文化故事，增强消费者的文化认同感。这种沉浸式的体验方式，有助于提升消费者对徽州古建文化的认知和喜爱程度，从而促进文创产品的销售。

电商平台强大的数据分析和用户管理能力，为徽州古建文创产品的精准营销提供了有力支撑。通过对消费者行为数据的挖掘和分析，文创企业可以深入洞察目标群体的偏好特征，进而制定更加精准的营销策略。利用平台的推荐算法和个性化推送，还能将徽州古建文创产品精准地呈现在对其感兴趣的消费者面前，提高产品的曝光率与转化率。

电商平台的跨区域特性，也为徽州古建文创产品的销售拓展了更为广阔的市场空间。借助电商渠道，这些蕴含徽州文化魅力的产品不再局限于当地市场，而是可以触达全国乃至全球的消费者。这不仅有利于徽州古建文化的传播和弘扬，也为文创产业的发展注入了新的活力。

要真正实现徽州古建文创产品在电商平台上的销售突破，还需要文创企业在产品设计、品牌塑造、营销推广等方面上下足功夫。产品设计要立足徽州古建文化特色，同时紧跟市场潮流和消费趋势；品牌塑造要凸显文化内涵，讲好徽州故事，赋予产品独特的文化价值；营销推广要善用电商平台的各种工具和资源，制定系统化的营销方案，多渠道多形式地开展传播互动。只有在多个环节形成合力，才能真正实现徽州古建文创产品在电商领域的突破性增长。

第四章 徽州古建技艺数字化再生的实践

第一节 徽州古民居建筑技艺数字化再生的实践

一、徽州古民居建筑的类型

（一）三间两廊式民居

徽州地区地形以丘陵山地为主，地势崎岖，可利用的平地空间有限。在这样的地理条件下，当地居民因地制宜，创造性地发展出三间两廊式民居。这种民居布局紧凑、结构独特，充分体现了徽州先民的智慧和艺术追求。

三间两廊式民居通常由三间主室和两侧廊厅组成。主室分为中堂、客厅和内室，两侧的廊厅一般作为过道、堆物等辅助空间。这种布局巧妙地利用了有限的平地面积，将不同功能的空间有机组合，形成了紧凑而井然有序的整体。

主室与廊厅之间往往以落地罩楼相连，使得室内空间得到进一步延伸。罩楼不仅增加了建筑的实用面积，也为室内营造了层次丰富的空间效果。精美的木雕、砖雕点缀其间，为朴素的建筑平添了几许雅致。

三间两廊式民居的屋顶多采用硬山式或悬山式，形成高低错落、变化多端的屋脊线条。青灰色的瓦片在阳光下泛着柔和的光泽，与白色的墙体交相辉映，勾勒出徽州古建独特的美学意蕴。

在满足实用需求的同时，三间两廊式民居也蕴含着丰富的文化内涵。三间的布局寓意“天、地、人”三才的和谐统一，体现了中国传统哲学的宇宙观。落地罩楼不仅是交通空间，也是家族成员团聚谈心的场所，承载着浓厚的人文情怀。

从选址、布局到建造细节，三间两廊式民居无不彰显了徽州匠人的智慧。他们顺应山地地形，采用因地制宜的设计手法，在有限的空间中营造出丰富的建筑形态，满足了居住、生产、交往等多元需求。这种民居形式不仅反映了人与自然环境的和谐共生，也昭示着中华民族源远流长的建筑文化。

（二）四合院式民居

徽州四合院式民居是传统徽州古建的典型代表，它广泛分布于徽州地区，尤其是歙县、黟县等地。作为中原文化和徽州地方特色的完美结合，四合院式民居充分体现了徽州人的理学思想、伦理道德和审美情趣。

四合院式民居的布局讲究对称、平衡，追求秩序与和谐之美。院落通常呈方形或长方形，主要建筑沿中轴线展开，讲究尊卑有序、恰如其分。正房位于中轴线上，象征尊严、地位；厢房分居两侧，体现了主次分明、井然有序的家族伦理关系。

徽州四合院式民居的建筑形制丰富多样，既有官衙式的“四明厅”，又有商贾式的“三间两廊”等类型。官衙式民居气势恢宏、端庄大气，适度装饰中透露威严；商贾式民居灵活实用，布局紧凑，装饰雅致精美。无论何种形制，四合院式民居大都注重功能分区，讲究动静分离、内外有别。例如，正房常作为长辈起居，具有接待宾客、举行仪式等公共功能；厢房则作为晚辈生活起居之所，更注重私密性和舒适性。前庭后院、廊坊游廊等过渡空间，不仅有效分隔了动静区域，更营造出优雅闲适的生活情趣。这种因地制宜、因人而异的灵活处理，体现了徽州民居设计的人性化智慧。

在建筑细部，徽州四合院式民居亦独具匠心。马头墙、小青瓦、石库门等建筑元素极富徽派特色，砖雕、木雕、石雕装饰精美绝伦、题材丰富、寓意深刻，彰显了徽州工匠的智慧和审美追求。雕刻内容多取材于历史典故、文学艺术，蕴含着儒、道、释等思想内涵，体现了徽州文人雅士的人文情怀。这些精美的建筑细节不仅提升了建筑的艺术价值，更彰显了建筑主人的身份地位和文化修养，成为彼时社会价值观的缩影。

作为徽州文化的物质载体，四合院式民居见证了徽州地区的发展变迁。它们适应了徽州崎岖的地形地貌，抵御了山区多变的气候条件，满足了徽州人日常起居、社交往来的功能需求。同时，随着时代发展的不断演进，它们吸收了不同时期的建筑风尚和装饰元素，呈现出丰富的历史层次感。例如，明清时期大量兴建的郡侯府邸，建筑形制更加高大宏伟，装饰更加奢华精美，无不彰显了徽商日益增长的经济实力和政治地位。这种因时而变、与时俱进的品质，正是徽州四合院式民居历久弥新的奥秘所在。

（三）园林式民居

徽州园林式民居是徽州古建的典型代表，它不仅继承了徽州古建的精髓，更融合了江南园林艺术的特点，形成了独具一格的建筑风格。这种民居类型通常占地面积较大、布局讲究、环境优美、气势恢宏，彰显了徽商的财富和品位。

徽州园林式民居的布局融合了徽州古建的对称、简约和江南园林的曲折、多变，形成了独特的空间美感。民居的中轴线上通常布置主要的建筑，如正厅、花厅等，两侧则对称分布厢房、书房等附属建筑。这种布局既满足了日常起居的需求，又营造出庄重、威严的氛围。同时，园林式民居注重建筑与自然环境的交融，院落中错落有致地分布假山、水系、花木等景观元素，曲径通幽、景致宜人，让人感受到返璞归真的意境。

徽州园林式民居的建筑形式体现了精巧细腻的徽派工艺，高耸的马头墙、黑白分明的粉墙青瓦、雕梁画栋的檐廊，无不彰显着主人的身份和地位。特别是木雕、砖雕、石雕等装饰技艺的运用，更是将徽州古建的美学追求发挥到了极致。这些精美的装饰不仅具有很高的艺术价值，更蕴含着丰富的文化内涵，如吉祥如意、多子多福等美好寓意，反映了徽州人积极向上的生活态度。

园林式民居的内部空间布局同样彰显了徽州古建的独特魅力。厅堂宽敞明亮，适合举办各种礼仪活动；卧房布置温馨雅致，满足主人的生活情趣；书房则清幽雅静，是主人读书、写作的理想场所。此外，天井、游廊等过渡空间的设置不仅满足了采光、通风的需求，更营造出虚实相生、明暗交错的空间效果，给人以丰富的视觉体验。

二、徽州古民居建筑的特点

（一）白墙青瓦、高墙深院

徽州古民居建筑中的白墙青瓦、高墙深院，是徽州民居建筑风格的典型特征之一。这一独特的建筑外观不仅反映了徽州地区的历史文化和审美情趣，更蕴含着深厚的文化内涵和丰富的艺术价值。

白墙青瓦的搭配，形成了鲜明的色彩对比，营造出古朴典雅的视觉效果。洁白的墙面象征着质朴无华的生活态度，青灰色的瓦片则彰显出恬淡高雅的审美情趣。这种色彩搭配不仅契合了徽州地区崇尚简约、追求内敛的文化理念，也体现了徽州先民对自然环境的敏锐洞察和巧妙利用。白色的墙面能够有效反射阳光，减少热量吸收；而青灰色的瓦片能够吸收紫外线，起到隔热防晒的作用。这种因地制宜、就地取材的建筑方式，充分体现了徽州先民的生态智慧和环境意识。

高墙深院是徽州民居建筑的另一大特色。一方面，高墙能够起到防风挡雨、保护隐私的作用，营造出宁静安逸的居住环境。另一方面，深院的设置能够引入充足的阳光和空气，改善居住环境的采光通风条件。高墙深院的布局不仅体现了徽州先民对生活品质的追求，也反映出他们内敛谦逊、不喜张扬的性格特点。高墙虽然阻隔了外界的喧嚣，但是为主人营造出一方清静的天地；深院虽然增加了建筑的空间距离，但是为主人提供了更多的活动场所和交流空间。这种封闭与开放、疏离与亲近并存的空间布局，恰如徽州文化含蓄蕴藉、刚柔并济的气质特点。

除了实用功能和审美价值外，白墙青瓦、高墙深院还蕴含着丰富的文化内涵。徽州民居建筑追求“外朴内丰”，外表质朴无华，内里却布局精巧、装饰考究，体现出重内在修养、轻外在表现的价值取向。同时，这种建筑风格反映出徽州文化尊师重教、崇文重商的社会风尚。不少徽州民居建有专门的藏书楼和读书间，为主人提供了安静舒适的读书环境。高墙深院的布局也有利于营造庄重肃穆的家庭氛围，便于家长教导子女、长辈教诲晚辈。

（二）马头墙

马头墙是徽州古建中一道独特的风景线，其形似马头，寓意吉祥，不仅具有突出的装饰效果，更成为徽州古建的标志性元素。马头墙的设计理念源于古代的图腾崇拜，马在中国传统文化中象征着力量、勇气和吉祥，人们希望通过在建筑中融入马的元素，为家族带来好运。

从建筑美学的角度来看，马头墙造型优美、线条流畅，与徽州古建白墙青瓦的整体风格相得益彰。马头墙通常采用砖、石等材料砌筑而成，其轮廓线条简洁有力、富有动感，为建筑立面增添了活泼、生动的视觉效果。同时，马头墙体量适中，虽然造型独特，但是并不会喧宾夺主，反而与建筑整体形成了和谐统一的韵律美。

马头墙的装饰手法极具匠心，徽州工匠巧妙地利用砖石的拼接、雕刻等技艺，在马头墙上营造出丰富多样的纹饰和肌理。比如，有的马头墙采用了错落有致的砖块排列，形成几何化的图案；有的则在马头部位雕刻出细腻入微的五官和鬃毛纹理。这些精美的装饰，不仅彰显了徽州匠人的智慧和创造力，更为朴素的民居平添了一抹亮丽的色彩。

马头墙还具有一定的实用功能。在徽州古建中，马头墙多用于围护院落或承重墙的收尾部位。这种设计一方面增强了墙体的稳定性，防止院墙倒塌；另一方面，马头墙向外伸出的造型，还起到了有效遮挡风雨的作用，延长了建筑的使用寿命。

除了建筑实体，马头墙的意象也广泛渗透到徽州文化的其他方面。在徽州木雕、砖雕、石雕等传统工艺中，常常可以看到马头造型的元素。这些形态各异、栩栩如生的马头图案，既是匠人对美好生活的向往，也寄托着人们对幸福吉祥的美好祝愿。

（三）雕刻装饰

徽州古民居中的雕刻装饰以其精美绝伦的艺术魅力，成为徽州古建不可或缺的重要元素。无论是砖雕、木雕还是石雕，无不体现了徽州匠人高超的技艺和审美追求。他们以独具匠心的设计，将万物形态巧妙融入建筑之中，赋予徽州民居生动的艺术生命。

砖雕是徽州民居外墙装饰的主要形式之一。匠人在青砖上以各种技法雕琢出栩栩如生的图案，常见的有花卉、鸟兽、人物、几何纹样等，最具代表性的当属“福、禄、寿”三多砖雕。其中，“福”字砖雕寓意吉祥如意；“禄”字砖雕象征高官厚禄；“寿”字砖雕则体现了人们对长寿的向往。这些砖雕不仅具有很高的观赏价值，也承载着徽州人积极向上的价值追求。

步入徽州民居内部，木雕装饰可谓无处不在。门窗、梁柱、家具，处处彰显了木雕艺术的精妙。其中尤以雕花窗棂最为著名，镂空雕刻与实地浮雕相结合，透光与实墙相辅相成，既符合实用需求，又呈现出丰富的层次感和空间感。这些木雕纹样不仅有吉祥喜庆的寓意，也融入了儒、道、释等文化内涵，体现了主人的身份地位和文化修养。

石雕则更多用于门墩、门额等建筑细部的装饰。选材上多为青石、汉白玉等石材，纹样内容丰富，有龙凤呈祥、麒麟望月，亦有忠孝节义、世代簪缨，无不寄托了徽州人的美好祝愿和价值追求。徽州石雕不仅工艺精湛，而且形象生动传神，置身其中，仿佛穿越时空感受到了徽州文化的深厚底蕴。

从雕刻工艺的角度看，徽州雕刻装饰体现了极高的技术水准。匠人运用浮雕、透雕、圆雕、镂空雕等多种技法，将平面化为立体，使图案形象更加丰满生动。他们对雕刻对象的比例、空间层次把握得恰到好处，使得纹样疏密有致、虚实相生，达到了形式与内容的完美统一。而精细入微的“减地平钉”技艺，更是将徽州雕刻推向了极致。

三、徽州古民居建筑技艺数字化再生的途径

（一）三维扫描与建模

在徽州古民居建筑技艺数字化再生的过程中，三维扫描与建模技术发挥着至关重要的作用。通过高精度激光扫描仪获取古建筑的点云数据，可以精准、高效地捕捉建筑的几何信息、纹理特征和空间关系，为后续的数字化建模奠定坚实基础。这种非接触式的测量方式不仅能够最大限度地保护古建筑本体，避免因人工测绘而造成损伤，更能够以亚毫米级的精度记录建筑的细部特征，呈现其精湛的工艺水平和审美追求。

在获取点云数据后，需要运用计算机三维建模技术，将离散的点云转化为具有拓扑关系的曲面或实体模型。这一过程需要深入研究徽州古民居的建造工艺和营造规律，理解木构架、砖石墙体、瓦顶等不同构件的特点和逻辑关系。通过对典型构件进行参数化建模，建立起基于族库的三维模型数据库，可以实现古建筑数字化的标准化和规范化。同时，可以根据建筑的实际情况，对族库中的构件进行灵活组合和修改，最终生成全尺寸、高精度的整体三维模型。

数字化建模不仅为徽州古民居建筑提供了精准的几何描述，更有助于深入认识其设计理念和营造技艺。基于三维模型，可以对建筑的比例、尺度、材料、结构等进行系统分析，揭示其中蕴含的美学法则和工匠智慧。通过虚拟仿真技术，可以模拟建筑在不同光照、环境下的真实场景，考察其在视觉、空间上的独特效果，全方位、多角度地感知其艺术魅力。这种沉浸式的数字化体验，不仅有助于专业人士对古建筑的研究和保护，而且能够吸引公众走进徽州古民居，传承和弘扬这一宝贵的文化遗产。

古建筑的三维模型还可以与建筑信息模型（BIM）技术相结合，构建起包含几何、材料、结构、工艺等多维度信息的数据模型。这种信息增强的模型不仅能够服务于古建筑的保护和修缮，指导后续的加固、维护等工作，更能够支撑古建筑的活化利用和创新传承。通过 BIM 的参数化设计和性能模拟，可以在保留原有风貌的基础上，对古建筑的空间布局、材料构造等进行优化和改造，赋予其新的功能和活力，实现传统技艺与现代需求的完美融合。

（二）数字化存档

数字化存档是徽州古民居建筑技艺数字化再生的重要途径之一。它通过先

进的数字技术，对建筑构件、材料、工艺等进行全面、系统的记录和管理，为古建筑技艺的传承及创新提供可靠的数据基础。在数字化存档过程中，研究人员首先需要对古民居建筑进行全面的调查和测绘，通过手绘、摄影、三维扫描等方式，获取建筑的平面布局、立面造型、剖面构造等基础数据。同时，研究人员要对建筑所用的材料，如砖、瓦、木材、石材等进行采集和分析，掌握其物理特性和化学成分。此外，古建筑的营造工艺，如砌筑、榫卯、彩画、雕刻等，也需要通过文字、图像、视频等多种形式进行详细记录。

获取到海量的建筑数据后，研究人员需要利用计算机技术对其进行分类、整理和存储。通过建立专门的数据库，将不同类型的数据进行关联和索引，形成一个完整、系统的古建筑技艺知识库。在此基础上，研究人员还可以开发数字化工具和平台，如三维建模软件、虚拟仿真系统等，将静态的数据转化为动态的模型和场景，使古建筑技艺以更加直观、生动的方式呈现出来。数字化存档不仅为古建筑技艺的保护和传承提供了重要支撑，更为其创新应用开辟了广阔空间。借助数字技术，研究人员能够对古建筑进行虚拟修复和重建，探索传统营造工艺与现代建造方式的融合，开发出新型的建筑材料和构造体系。同时，海量的古建筑数据也为跨学科研究提供了契机，建筑学、材料学、力学、美学等多个领域的学者可以在数字平台上开展合作，碰撞出新的思想火花。

徽州古民居建筑技艺的数字化存档是一项系统工程，需要政府、高校、研究机构、企业等多方合作。政府要加强顶层设计，完善相关政策法规，为数字化存档工作提供制度保障；高校和研究机构要发挥人才和技术优势，组建专门的研究团队，攻克数字化存档过程中的重点、难点问题；企业要积极参与，提供先进的软硬件设备和数字化服务，推动技艺数字化成果的转化应用。只有多方协同发力，形成合力，才能真正实现徽州古民居建筑技艺的数字化再生。

（三）虚拟仿真体验

虚拟仿真技术的引入为徽州古民居建筑技艺的数字化再生和传承开辟了新的途径。通过虚拟现实技术和增强现实技术等先进技术手段，人们可以身临其境地感受徽州古建的魅力，在沉浸式的体验中加深对传统技艺的认知和理解。

虚拟现实技术利用计算机生成逼真的三维虚拟环境，配合专门的显示设备和交互设备，使用户能够全方位、多感官地探索虚拟空间。将虚拟现实应用于徽州古民居建筑技艺的数字化再生，意味着人们可以“走进”古建筑内部，360度无死角地观察建筑构造、材质肌理、装饰细节等，仿佛置身于真实的徽州古建之中。在虚拟场景中，用户还可以模拟建造过程，亲身体验砌墙、砖雕、木雕等传统工艺，加深对古建营造工艺的理解。这种沉浸式的体验不仅能满足公众的好奇心，更能唤起人们对传统技艺的敬畏之心和保护意识。

增强现实技术则通过将虚拟信息叠加到真实场景之上，营造出虚实结合的混合现实。运用增强现实技术进行徽州古民居技艺展示，可以在游客参观古建筑实景时，通过手机、平板电脑等移动设备呈现出丰富的数字内容，如建筑的历史沿革、结构解析、修缮过程等。游客只需将镜头对准建筑的某个部位，就能获取相关的文字、图像、视频等信息，在实景体验的基础上得到更全面、立体的认知。增强现实技术还可以动态模拟建筑因时间推移而发生的变化，让游客直观地了解古建筑的演变历程。

虚拟仿真技术的运用，不仅能为徽州古民居建筑技艺提供生动直观的展示平台，更能在互动体验中加深人们对传统技艺的理解和认同。通过身临其境的沉浸感和虚实结合的奇妙体验，虚拟仿真技术为古建筑注入了新的生命力，让历史文化在数字时空中焕发光彩。同时，虚拟仿真的应用为古建筑技艺的传承和推广提供了新的可能，通过数字化手段将非遗技艺呈现在更广泛的受众面前，提高了传统技艺的可及性和影响力。

四、徽州古民居建筑技艺数字化再生的策略

（一）建立标准规范

建立标准规范是徽州古建技艺数字化再生的关键一环。徽州古建的独特性和复杂性，决定了其数字化过程需要严格遵循科学、规范的标准。这些标准不仅涉及数据采集、加工、应用等技术层面，更涵盖了如何真实、完整地再现徽州古建的艺术魅力和文化内涵等问题。

从数据采集的角度来看，建立标准规范意味着要制定一整套科学、可行的数据获取方案。这需要深入研究徽州古建的结构特点、材料属性、工艺流程等，设计出针对性强、可操作性高的采集规程。比如，对于徽州古建的高墙、马头墙、砖木雕刻等标志性构件，要选用精度足够高的三维扫描设备，合理设置扫描参数，确保数据的准确性和完整性。同时，要充分利用影像采集、全景拍摄等技术手段，多角度、多层次地记录建筑的整体风貌和细部特征。唯有如此，才能为后续的数字化加工奠定坚实的数据基础。

在数据加工环节，标准规范的意义更加凸显。如何将海量、异构的原始数

据转化为规整、可用的数字模型，是一个复杂的系统工程。这就要求我们在参数设置、流程设计、质量控制等方面，都要有一套科学合理的标准作为依据。以徽州古建的三维建模为例，要综合考虑建筑尺寸、比例、材质等要素，合理确定模型的精细度、层级结构、纹理映射方式等参数。在建模过程中，还要严格遵循从整体到局部、由表及里的原则，保证模型在形似的基础上，最大限度地体现徽州古建的神韵和意蕴。

数字模型建成之后，如何将其应用到徽州古建的保护、传承、弘扬中去，也离不开标准规范的指引。比如，我们可以借助虚拟现实、数字孪生等新技术，将古建数字模型与文化旅游、数字博物馆等场景深度融合，创造出沉浸式的文化体验空间。但在这一过程中，如何处理虚实结合的界面设计、交互方式，如何平衡逼真度与艺术表现力，如何赋予数字空间以文化内涵和情感温度，都需要在标准规范的框架下进行系统设计和精心实施。

建立标准规范不是一蹴而就的，而是一个需要多学科协同、多领域融通的系统工程。它需要徽州古建、数字技术、文化传播等领域的专家学者共同参与，在深入研究徽州古建特色和数字化规律的基础上，制定出一套全面、细致、可操作的规范体系。这一过程也是对传统技艺与现代科技相融合的生动实践，必将进一步推动徽州古建数字化再生向纵深发展。

（二）开发数字工具

在数字化时代，开发建筑信息模型等数字化工具对于提高徽州古建技艺数字化再生效率具有重要意义。传统的古建筑保护与传承面临着诸多挑战，如工艺流程复杂、规范标准缺失、技艺传承困难等，而 BIM 等数字化工具的应用，为破解这些难题提供了新的思路和方法。

BIM 是以建筑工程项目的各项相关信息数据为基础，进行建筑模型的建立，通过数字信息仿真模拟建筑物所具有的真实信息。将 BIM 技术应用于徽州古建的数字化再生，可以实现对古建筑的三维建模、虚拟仿真、性能分析等，大大提高数字化再生的效率和精度。通过 BIM 技术，可以全面、准确地记录古建筑的几何信息、材料属性、工艺做法等，构建起完整的数字化档案。这不仅便于古建筑信息的存储、管理和传承，也为后续的修缮、重建提供了可靠的数据支撑。

BIM 技术能够模拟古建筑构件的受力性能、热工性能等，优化设计方案，指导修缮实践。利用 BIM 平台，可以开展多专业协同设计，在虚拟环境中进行碰撞检查、施工模拟，提前发现和解决潜在问题，减少返工和错误。这种数字化、可视化、协同化的工作模式，大大提升了古建筑数字化再生的效率和质量。

在徽州古民居建筑的数字化实践中，BIM 技术得到广泛应用。通过激光扫描、摄影测量等方法获取古民居的点云数据，再利用 BIM 软件进行三维建模、参数化设计，最终形成了高精度、全信息的数字化模型。这些模型不仅真实再现了徽派民居的建筑风貌，也为研究其材料、构造、工艺提供了新的视角。基于 BIM，研究人员可以开展空间分析、日照模拟、通风优化等，探索古民居的环境适应性和人居舒适性。

（三）人才培养与产教融合

人才培养与产教融合是徽州古民居建筑技艺数字化再生的关键环节。传统的徽州古建工匠凭借世代相传的经验和技艺，缔造了徽州古建的辉煌。然而，随着时代的变迁，这些宝贵的非物质文化遗产正面临着传承断层、后继无人的危机。为了破解这一困局，我们必须探索产教融合的新路径，培养既精通现代数字技术又深谙传统工艺精髓的复合型人才。

高校应发挥人才培养的主阵地作用，面向徽州古建数字化保护与传承的实际需求，优化专业课程设置，创新人才培养模式。一方面，要加强学生对传统建筑工艺与美学的理论学习，引导其领悟徽州古建的精神内核和审美追求。另一方面，要强化数字化技术在专业课程中的融合应用，使学生掌握三维建模、数字化存档、虚拟现实等前沿技术，提升其数字化再生能力。同时，高校还应与徽州当地企业、科研机构建立长效合作机制，开展产学研一体化项目，为学生提供实践锻炼的平台。

政府和相关部门应积极搭建产教融合的桥梁，推动高校、企业、科研机构协同创新。通过制定优惠政策，鼓励企业接收实习实训学生，支持科研机构开展关键技术攻关，形成产学研用良性互动的生态圈。同时，要加大对徽州古建数字化人才培养的财政投入，设立专项奖学金，资助优秀学生深入开展实践研究。此外，还应完善非遗传承人培养机制，支持民间工艺大师与高校开展学徒制教学，使传统技艺得以代代相传。

数字化再生离不开专业软硬件设施的支撑。高校应加强数字化实验室、工作室的建设，配备先进的三维扫描、建模、虚拟仿真等设备，为学生提供动手实践的空间。企业应建立徽州古建数字化研发中心，集聚行业领军人才，攻克数字化关键核心技术。同时，各方应携手共建徽州古建数字博物馆，通过沉浸式体验等手段，让公众身临其境地感受徽州古建之美，提高全社会的文化遗产保护意识。

第二节　徽州古桥梁建筑技艺数字化再生的实践

一、徽州古桥梁建筑的类型

（一）木拱桥

徽州木拱桥凝结了古人的智慧，是徽州地区传统桥梁建筑的代表。木拱桥以其独特的建筑形式、精湛的建造工艺，展现了徽州古建的精髓。木拱桥采用木材作为主要建筑材料，充分利用了当地丰富的木材资源。古人在设计木拱桥时，巧妙地利用了木材的力学性能，通过合理的结构布局，使桥梁具有良好的承载能力和稳定性。

木拱桥的建造体现了古人对力学原理的深刻理解。拱券是木拱桥的核心结构，它利用了拱形结构将垂直荷载转化为水平推力的原理。通过合理设置拱券的跨度、矢高等参数，古人实现了桥梁跨越宽阔水面的目标。同时，木拱桥采用了精巧的榫卯结构，将桥梁的各个构件紧密连接，提高了整体结构的稳定性和可靠性。这种无铁钉、无胶合剂的纯木结构，彰显了古人的高超技艺。

木拱桥的建造过程体现了古人的智慧和创造力。在施工前，古人会进行精细的测量和计算，确定桥梁的位置、跨度、高度等关键参数。随后，他们会选取优质的木材，对其进行切割、刨削、打磨等加工，制作出标准化的构件。在施工过程中，古人运用独特的装配方法，将预制好的构件按照一定顺序组装起来，形成完整的桥梁结构。这种建造方式不仅提高了施工效率，也降低了施工难度，体现了古人的系统思维和工程实践能力。

木拱桥不仅具有实用价值，也蕴含着丰富的美学内涵。桥梁的整体造型优美，线条流畅，给人以柔美、和谐之感。桥面、栏杆等部位往往装饰有精美的雕刻图案，展现了徽州工匠的艺术才华。一些木拱桥还与周边的景观相映成趣，构成独特的人文景观，成为徽州山水的靓丽点缀。这种融合实用性与审美性的建筑理念，体现了古人对自然环境的尊重和对生活品质的追求。

木拱桥见证了徽州地区的历史变迁，承载了徽州儿女的美好记忆。它不仅是一种交通工具，更是一种文化符号，凝聚了古人的智慧、艺术、情感。如今，虽然许多木拱桥已经失去了原有的功能，但是它们作为历史遗产，仍然具有极高的保护和研究价值。通过数字化技术，我们可以全面、系统地记录木拱桥的结构、材料、工艺等信息，为其修复、重建提供可靠的依据。同时，我们可以利用数字化手段，将木拱桥的建造技艺、美学价值等信息传播给更多的人，唤起人们对传统文化的重视和传承意识。

（二）石拱桥

石拱桥是徽州古桥梁建筑中最具代表性和辨识度的一种类型。它以花岗岩等石材为主要建筑材料，采用精湛的石材加工与拱券砌筑技艺，形成了坚固耐用、线条优美的桥梁结构。徽州石拱桥在选材上十分讲究，多选用产自本地的优质花岗岩作为桥面铺砌材料，既体现了因地制宜的理念，又能最大限度地保证桥梁的使用寿命。与此同时，桥墩、桥基等承重部位也选用强度高、不易风化的石材，为桥梁提供稳固支撑。

徽州石拱桥的核心结构是拱券，呈弧形横跨桥面，将桥面重力均匀传导至两岸。拱券的砌筑需要极高的技艺，匠人运用传统的斧凿工具，将石料加工成楔形，再按照精确计算的角度和尺寸，将石料一块块嵌合，最终拼接成曲线流畅、受力合理的桥拱。这种砌筑工艺不仅巧妙地将石块间的摩擦力转化为拱券的内聚力，形成自平衡的受力体系，而且能够随着时间的推移愈加牢固。

除了关注石拱桥的整体结构，徽州古建匠人还十分重视桥梁细部的设计与装饰。石拱桥的桥面通常由精心雕琢的条石铺就，拼缝严丝合缝，表面平整光滑。桥沿石多雕刻有精美的花纹图案，既起到防护作用，又体现了典雅的艺术美感。桥头堡楼、桥亭等附属建筑也构思巧妙，与桥梁主体相得益彰。这些细节无不彰显出古徽州石拱桥设计的匠心独运。

作为一种成熟的桥梁建筑类型，石拱桥在徽州地区广泛分布，跨越在溪流、河谷之上，不仅满足了当地民众往来通行的需求，也为山水田园增添了亮丽的人文景观。石拱桥设计的结构原理、建造工艺在当代桥梁建设中仍具有重要借鉴价值。随着数字化时代的到来，利用三维扫描、数字建模等技术手段，能够精准记录并再现这些珍贵的徽州古桥梁遗存，延续其跨越时空的设计智慧。

（三）廊桥

徽州廊桥是徽州先民智慧的结晶，其独特的建筑形制和文化内涵令人叹为观止。廊桥不仅是交通的纽带，更是商贾云集、文人雅士笔会唱和的重要场所。它兼具桥梁与建筑的双重功能，集实用性与艺术性于一身，成为徽州古桥梁中别具一格的类型。

从建筑形制上看，徽州廊桥一般由桥面、廊厅、檐廊三部分组成。桥面架设在水面之上，供行人和车马通行；廊厅位于桥面中央，形似亭台楼阁，供人休憩、避雨、品茗；檐廊则环绕廊厅，与桥面相连，形成一个封闭或半封闭的空间。这种“桥中有厅，厅中有廊”的布局，既增强了桥梁的实用性，又赋予了它独特的审美价值。廊桥建筑巧妙地融合了桥梁与建筑的元素，体现出高超的建筑艺术和结构设计水平。

从文化内涵上看，徽州廊桥不仅是一座桥，更是一个承载着丰富人文情怀的文化空间。廊桥常常被视为“小天下”，商贾在此交易谈判，文人在此吟诗作对，百姓在此闲谈休憩。廊桥成为人们交流思想、传播文化的重要平台。许多廊桥的命名也蕴含着深刻的文化寓意，如“德济桥”寓意德行济世，“文明桥”寓意彰显文明，体现出徽州先民的价值追求和人文情怀。廊桥不仅见证了徽州的商业繁荣，也记录了徽州的文化兴盛，成为了徽州文化的重要载体。

徽州廊桥的建造需要精湛的营造技艺。从选材到制作，从结构到装饰，每个环节都凝聚着工匠的智慧和心血。廊桥选用优质的木材、砖瓦、石料等，经过精细的加工和巧妙的拼接，形成坚固美观的建筑整体。廊桥的装饰也极具特色，雕梁画栋、斗拱重檐，精美的雕刻、彩绘装点其间，体现出徽州古建的精致唯美。廊桥营造不仅需要高超的技艺，更需要工匠对材料特性、力学原理、美学规律的深刻理解和灵活运用。正是凭借这种传承数百年的营造技艺，才造就了徽州廊桥的经典之美。

二、徽州古桥梁建筑的特点

（一）选材讲究

徽州古桥梁建筑选材之道蕴含着深厚的文化内涵和科学智慧。古徽州地区拥有丰富的木材和石材资源，为桥梁建设提供了优质的原材料。然而，古代桥梁工匠并非简单地采用这些材料，而是经过精挑细选，择优而用。他们深谙不同材料的物理特性和力学性能，也懂得因材施用、物尽其用的道理。

以木拱桥为例，选材时多选用楠木、枫木等质地坚硬、耐腐蚀的木材。这些木材纹理致密、强度高，能够承受较大的荷载，且对水汽和虫蛀有很强的抵抗力，保证了桥梁结构的稳定性和耐久性。同时，为了进一步提高木构件的使用寿命，工匠还会对其进行防腐处理，如用桐油、生漆等涂刷表面，或采用沥青、石灰等填充木材的缝隙。

除了选材讲究，徽州古桥梁建筑在材料加工和利用方面也有许多独到之处。以石材为例，工匠会根据石材的硬度、纹理走向等，采用不同的加工方法。较软的石材适合采用锯、凿等工具加工，而较硬的石材多用刻、磨等技艺加工。通过精湛的加工技艺，石材表面能够变得更加平整光滑，提高石构件之间的贴合度，增强桥梁结构的整体性。

（二）结构精巧

徽州古桥梁建筑结构设计的精巧之处，在于其对材料特性的深刻理解和巧妙运用。无论是木拱桥、石拱桥还是廊桥，设计者都能根据材料的力学性能，采用最优的结构形式，实现结构稳定与美观的完美结合。

以木拱桥为例，设计者充分利用木材的抗拉强度，采用榫卯结构将木构件紧密连接，形成稳定的拱形桥身。在此基础上，工匠还会在关键部位设置斜撑、耳枕等附加构件，进一步提高木拱桥的整体刚度和稳定性。这种结构设计不仅符合力学原理，也体现了材料属性与结构形式的巧妙融合。

石拱桥展现了徽州古桥梁建筑师对石材特性的精准把控。设计者通过合理控制拱券的跨径与矢高比例，使石拱桥充分发挥石材的抗压强度，承担桥面的恒载和活载。同时，在桥墩、桥台等部位采用多级台阶状结构，既能有效传递荷载，又能增强美观度。可以说，石拱桥的结构设计完美诠释了材料、力学与美学的统一。

廊桥作为徽州古桥梁的一大特色，更是凝聚了先人的智慧。廊桥巧妙地将桥梁与建筑组合在一起，将桥面荷载分散至廊亭立柱，再通过立柱将荷载传递至地基。这种结构形式不仅扩大了桥面使用空间，也极大提升了桥梁的安全性能。同时，廊桥精致的建筑造型和装饰元素，为其增添了文化内涵和艺术魅力。

除了主体结构外，徽州古桥梁的设计者还会在桥头、护栏等细节处精雕细琢，体现高超的装饰工艺。这些精美的雕刻不仅具有很高的观赏价值，更能彰显桥梁的文化底蕴和地域特色。可以说，结构与装饰的完美结合，是徽州古桥梁建筑魅力的重要组成部分。

三、徽州古桥梁结构设计技艺的数字化再生

徽州古桥梁在建筑装饰方面展现出非凡的艺术价值。这些精美的雕刻不仅点缀在桥面、桥墩等主体结构上，更遍布栏杆、牌坊等附属构件。其内容涵盖花鸟鱼虫、人物故事、山水风景等多样化题材，工艺则包括浮雕、透雕、圆雕

等多种手法。这些装饰不仅提升了古桥梁的视觉美感，更蕴含了深厚的文化内涵和时代精神。

桥墩作为桥梁的支撑结构，其雕刻装饰也颇具特色。徽州古桥梁的桥墩多采用浮雕手法，刻画龙凤、麒麟等灵兽形象。这些形象生动传神，寓意桥梁坚固，可抵御洪水侵袭。同时，也有反映生活场景的桥墩雕刻，如渔樵耕读等，展现了徽州先民的日常生活，具有深厚的社会现实意义。

栏杆、望柱等附属构件的雕刻装饰丰富多彩。栏杆装饰通常以连续纹样为主，花卉、几何图案交织，体现出强烈的节奏感和装饰性。望柱则多采用圆雕手法，刻画狮子、石鼓等形象。其中，狮子望柱造型生动、刻画细腻，极具艺术感染力。一些桥梁的望柱上还刻有诗词楹联，内容涉及桥梁缘起、祝福吉言等，彰显了文人墨客的才情。

随着时代变迁，许多徽州古桥梁的雕刻艺术已经风化损毁，亟须抢救和保护。而数字化技术为雕刻艺术的再现提供了新的路径。通过三维扫描、建模等手段，可以高精度地采集雕刻细节，并在数字空间中进行修复和重现。同时，增强现实、虚拟现实等新技术也为雕刻艺术的展示提供了沉浸式体验。观者可以在虚拟场景中 360 度全方位欣赏古桥梁的装饰之美，感受传统工艺的精湛和文化的厚重。

徽州古桥梁雕刻艺术的数字化再生不仅有助于延续传统技艺，更能为现代设计提供丰富的灵感。设计师可以从中汲取精华，融入现代审美，创造出继承传统又富于创新的作品。同时，雕刻艺术资源的数字化为学术研究提供了新的素材，美术史、建筑史等领域的学者可以在数字模型的基础上，深入分析雕刻工艺、图案寓意等，挖掘更多的文化价值。

（一）木拱桥结构设计的数字化再现

木拱桥是徽州古桥梁中独具特色的一种形式，其结构设计蕴含了徽州匠人的智慧。通过三维扫描、CAD 建模等现代数字化技术，深入探索木拱桥的结构原理，精准再现其设计之美。

木拱桥的核心结构是拱券，由多根弧形木构件拼接而成。这些木构件采用榫卯结合的方式连接，形成稳定的拱形结构。与石拱桥相比，木拱桥的受力特点更为复杂。拱券受到上部建筑的垂直荷载，同时承受水平方向的推力。为了抵抗这些力的作用，木拱桥的设计需要精确计算构件的尺寸和排布方式，确保结构受力合理、稳定可靠。

通过三维扫描技术，可以高精度地采集木拱桥的几何信息，包括构件的形状、尺寸及相互位置关系等。在此基础上，利用CAD软件进行三维建模，将木拱桥的结构数字化、参数化，为深入研究其受力性能提供便利。运用有限元分析等方法，可以模拟木拱桥在各种荷载工况下的应力分布，评估其结构安全性，为木拱桥的保护和加固提供指导。

数字化技术不仅助力木拱桥结构性能的研究，也为其设计理念的传承提供了新的路径。通过构建参数化模型，可以在保持木拱桥原有造型和比例的基础上，灵活调整各项参数，生成不同的设计方案。这为研究木拱桥的设计变化规律、创新发展提供了有力工具。借助虚拟现实、增强现实等技术，还可以将木拱桥的数字模型与实景相结合，创造沉浸式的体验效果，使人们身临其境地感受木拱桥的结构之美。

（二）石拱桥结构设计的数字化再现

石拱桥是徽州古桥梁中最具代表性的类型，其精湛的结构设计技艺凝聚了古代能工巧匠的智慧。运用现代数字化技术对石拱桥进行全面再现，不仅有助于传承和保护这一宝贵的文化遗产，更能为当代桥梁建设提供有益启示。

三维建模技术为石拱桥结构设计的数字化再现提供了有力支撑。通过高精度三维扫描，可以精准采集石拱桥的几何信息，包括桥墩、桥拱、桥面等各个构件的尺寸、形状和空间位置关系。在此基础上，利用计算机辅助设计软件进行三维建模，能够真实再现石拱桥的整体结构和细部特征。这种数字化的石拱桥模型不仅直观形象，更便于各专业人员的交流和研究。

在三维模型的基础上，有限元分析技术可以模拟石拱桥在不同工况下的受力特点。利用有限元软件对石拱桥进行网格划分，并设置材料属性、约束条件和荷载工况等参数，即可开展静力学、动力学等各种力学性能分析。通过计算机仿真，可以揭示石拱桥的内力分布规律和应力应变特点，评估其承载能力和结构安全性。这为深入认识石拱桥的设计原理和建造工艺提供了科学依据。

数字化再现不仅要关注石拱桥的整体结构，更要重视其细部构造的精妙设计。徽州石拱桥在选材、砌筑等方面都体现了独到的匠心。例如，拱圈多采用讲究的协作砌筑法，拱石错缝砌筑、环环相扣，提高了整个拱圈的稳定性。桥墩、桥台则因地制宜，或采用实心墩，或采用镂空墩，在满足受力要求的同时，也有利于泄洪排水。这些精巧的细部设计都凝结了深厚的营造技艺，值得我们用数字化手段细细品鉴、活态传承。

石拱桥不仅是一种交通工具，更是一种文化载体。许多徽州石拱桥都带有精美的雕刻装饰，桥头堡、桥亭、望柱、石坊等附属建筑也极具观赏价值。将这些装饰艺术元素纳入数字化再现的视野，运用三维建模、虚拟仿真等技术加以呈现，能够全面展示石拱桥的艺术魅力，传播徽州文化的独特神韵。

（三）廊桥结构设计的数字化再现

廊桥结构设计的数字化再现是徽州古桥梁建筑技艺数字化保护与传承的重要内容。作为一种兼具桥梁与建筑双重属性的独特结构形式，廊桥在徽州地区有着悠久的历史渊源和丰富的艺术形态。随着 BIM 技术的发展和应用，我们有了更加先进、高效的手段来探索和再现这一宝贵的文化遗产。

BIM 技术以其参数化、可视化、协同化等特点，为廊桥结构设计的数字化再现提供了强大的技术支撑。通过 BIM 软件平台，我们可以精确建立廊桥的三维数字模型，全面再现其建筑布局与结构特色。廊桥的平面布局、立面造型、空间尺度等要素都能在虚拟环境中直观呈现出来，使得设计师能够更加全面、深入地理解廊桥的建筑语汇与美学内涵。

在建模过程中，不仅要考虑廊桥的整体形态，更要注重其结构细部的精准刻画。廊桥的屋顶、梁架、柱础、栏杆等部位往往蕴藏着丰富的设计智慧和工艺细节，需要我们以严谨的态度和精湛的技艺在数字模型中一一再现。通过参数化设计，我们可以灵活调整廊桥的尺寸、比例，探索不同的设计方案，并及时进行性能模拟和优化，确保廊桥结构的合理性和可建性。

BIM 不仅是廊桥结构设计的载体，更是各专业协同工作的平台。通过 BIM 平台，建筑、结构、设备等专业可以在同一个模型上开展设计协同，及时发现和解决问题，提高设计效率和质量。同时，BIM 模型能够与虚拟现实、增强现实等技术相结合，生成身临其境的交互式体验，让人们能够更加直观、生动地感受廊桥的空间魅力与艺术神韵。

廊桥结构设计的数字化再现不仅为徽州古桥梁建筑的保护与传承提供了新的途径，更为今人学习和发扬传统营造技艺提供了宝贵的资源。通过对廊桥的数字化再现，我们能够更加全面、系统地认识和理解先人的建筑智慧，为传统建筑的创新发展提供源源不断的灵感和动力。同时，这些数字化成果为廊桥的跨学科研究提供了新的视角和可能，促进了建筑学、结构学、文化遗产保护等领域的交叉融合与协同创新。

四、徽州古桥梁装饰技艺的数字化再生

（一）雕刻图案的数字化采集

在徽州古桥梁建筑中，雕刻图案是一大亮点，它们不仅具有很高的艺术价值，更蕴含着深厚的文化内涵。为了全面再现这些精美的雕刻图案，高精度三维扫描技术应运而生。通过对桥梁构件表面的精细扫描，获取每处雕刻纹样的精准数字模型，为后续的数字化展示、研究和传承提供可靠的数据基础。

三维扫描设备通常采用激光、结构光等非接触式测量方式，可以快速、高效地采集物体表面的三维坐标数据。在扫描过程中，扫描仪发出的光束会照射到构件表面，并被其反射回扫描仪的传感器。通过测量光束的飞行时间或三角测量原理，扫描仪可以计算出每个采样点的空间坐标，从而形成描述构件表面形状的点云数据。

为了获得高精度的扫描结果，我们需要合理设置扫描参数，如扫描距离、扫描角度、扫描密度等。同时，为了避免遮挡和死角，需要从多个角度对构件进行扫描，并将获得的多组点云数据进行拼接和优化，最终生成完整、准确的三维模型。

在扫描过程中，还需要注意光线条件的控制。过强或过弱的光照都会影响扫描质量，因此需要在扫描现场搭建合适的遮光设施，并使用辅助光源，提供均匀、柔和的照明。此外，为了提高扫描效率和精度，可以利用一些辅助工具（如转台、定位标志等），实现构件的自动定位和批量扫描。

通过高精度三维扫描，可以真实再现徽州古桥梁建筑上的各种雕刻图案，包括花卉、鸟兽、几何纹样等。这些数字化的雕刻图案不仅能够长久保存下来，供后人欣赏和研究，更能够借助数字技术手段进行创新应用。例如，可以将这些图案应用于文创产品设计、动画制作、虚拟现实体验等领域，让传统工艺焕发新的生命力。

（二）彩绘技艺的数字化再现

徽州古建彩绘技艺作为我国传统建筑装饰艺术的瑰宝，色彩艳丽、纹样精美、寓意深刻，彰显了先民的智慧和审美情趣。然而，随着时代的变迁，这一古老的技艺面临着传承困难、工艺失落的危机。为了更好地保护和传承徽州古建彩绘，运用数字化手段对其进行再现和复原，已经成为文化遗产保护领域的

重要课题。

高清数字摄影技术为徽州古建彩绘的数字化再现提供了有力工具。通过使用高分辨率的数字相机，可以精细捕捉彩绘表面的色彩、纹理等细节信息，为后续的数字化处理奠定基础。在拍摄过程中，还需要特别注意光线的控制，避免强光直射导致色彩失真。同时，为了获得全面、系统的影像资料，需要对彩绘进行多角度、分区域的拍摄，并辅以必要的尺度参照物。

在影像采集的基础上，图像处理技术在徽州古建彩绘数字化再现中发挥着关键作用。首先需要对原始影像资料进行预处理，如图像锐化、降噪等，以提高图像质量。在此基础上，利用图像拼接技术，将分散拍摄的影像进行无缝拼合，获得完整的彩绘全景图。针对彩绘表面存在的破损、褪色等问题，还可以运用图像修复、色彩校正等算法，在数字影像上进行虚拟修复，使其恢复鲜艳、完整的本来面貌。

数字化再现不仅要在视觉上忠实呈现徽州古建彩绘的艺术魅力，更要探究其内在的文化内涵和工艺特点。通过对彩绘纹样、色彩搭配等进行分析，可以显示先民丰富的想象力和艺术手法。例如，凤凰、牡丹等图案象征着吉祥、富贵的美好寓意；红色、金色的大量运用，则彰显了喜庆、吉利的色彩观念。借助 X 射线、红外等无损检测技术，还可以探查彩绘表面下的胎体结构、绘制工序等，为解读其独特工艺提供科学依据。

（三）装饰艺术的数字化展示

在数字化时代，虚拟现实、增强现实技术为徽州古桥梁装饰艺术的展示和传承提供了新的途径。通过开发沉浸式的虚拟现实、增强现实技术并加以应用，人们可以身临其境地欣赏徽州古桥梁精美的雕刻、彩绘等装饰艺术，感受其独特的艺术魅力。

虚拟现实技术能够构建逼真的虚拟场景，精准再现徽州古桥梁的装饰细节。利用高精度三维扫描和建模技术，将桥梁构件上的雕刻图案、彩绘纹样等数字化采集下来，并在虚拟环境中进行高仿真渲染。用户戴上 VR 头盔，就能 360 度全方位观察桥梁装饰的每一处细节，如同亲临现场。这种沉浸式的观赏方式，能够最大限度地呈现徽州古桥梁装饰艺术的精妙之处，让用户全面领略其艺术价值。

增强现实技术可以将虚拟的装饰元素与现实场景相结合，实现更加直观、互动的展示效果。通过手机、平板电脑等移动设备，用户对准徽州古桥梁的某个部位，就能看到相应的装饰图案。同时，增强现实应用可以提供装饰艺术的文字、语音讲解，以及装饰纹样的来源、寓意等深度信息，让用户在欣赏古建装饰之余也能了解到更多的文化内涵。

第三节　徽州古园林建筑技艺数字化再生的实践

一、徽州古园林建筑的类型

（一）私家园林

徽州，这片孕育了徽商文化的沃土，在中国建筑史上留下了浓墨重彩的一笔。徽州的私家园林，既是徽商对生活品质不懈追求的体现，也是徽州文化精髓的微观缩影。置身于这些精巧雅致的庭院，仿佛穿越时空，与昔日徽商对话，感受他们对生活的热爱和对美的追求。

徽州私家园林之所以独具魅力，与徽商文化密不可分。徽州人重商习儒，既有经商致富的头脑，又有修身养性的情怀。在他们看来，园林不仅是居住、休憩的场所，更是陶冶情操、寄托理想的精神家园。因此，徽州私家园林往往兼具实用性与审美性，既能满足起居生活之需，又能体现主人的文化品位和艺术追求。

徽州私家园林在布局上讲究曲径通幽、处处皆景。设计者巧妙利用有限的空间，通过疏密有致的布置，营造出层次丰富的景观。入口处往往设有照壁影壁，阻挡视线，引人遐想；庭院中回廊曲折，小桥流水，亭台楼阁，错落有致；厅堂则朝向最佳景观，与山水融为一体。这种布局即便在狭小的空间内，也能营造出深邃开阔之感。

建筑形制上，徽州私家园林既有江南园林的精致典雅，又独具徽派特色。由于受山地环境制约，徽州民居多为二层或三层砖木结构，因此私家园林往往依山就势、就地取材，与山水融为一体。砖雕、木刻、石雕的装饰工艺应用广泛，图案繁复精美，既有吉祥喜庆的寓意，又不乏文人雅士的点缀，极富观赏性。

徽州私家园林中的植物配置可谓匠心独运。园林主人往往根据个人喜好，精心栽种自然野趣与人文意蕴兼具的花木，如松、竹、梅等，构成“岁寒三友”等意境。同时，亭榭廊坊等建筑小品与植物交相辉映，山石溪流与花木互为映衬，园林意境因四时更迭而变幻，赋予游人无限遐思。

（二）书院园林

徽州书院园林的空间布局讲究中轴对称、秩序井然，寓意着“君子慎独”的修身之道。书院的中轴线上，依次设置山门、戟门、礼门，象征着学子由俗入圣、不断修身的过程。其间的庭院空间则设有名人祠、师生祠等建筑，体现出“敦伦尊师”的思想，彰显出对师道的崇尚。

书院园林中多见曲径通幽、环境清幽之处，以便学子静心研读、反躬自省。例如歙县郑氏家庙书院中，就设有幽深曲折的甬道，寓意学子应当“绳锯木断，水滴石穿”，以恒心和毅力砥砺自我。而园林中的亭台楼阁，成为学子吟诗作赋、切磋学问的重要场所，体现出高雅脱俗的生活情趣。

徽州书院园林重视“至善至美”的艺术营造，力求将人文精神融入园林意境之中。书院讲究与周围环境相融合，或依山傍水，或城郭毗邻，充分利用自然山水形成书香门第的意境。例如绩溪文村书院，就巧妙利用高峻的文村山营造出“负阴抱阳”的空间布局，院内植有梧桐、芭蕉等高雅植物，与高耸的藏书楼交相辉映，营造出儒雅恬静的意境。

从教育功能而言，徽州书院园林还充分考虑师生的学习需求，注重营造良好的教学环境和藏书条件。例如祁门棠樾书院，就在园林中精心营造了静谧幽深的藏书楼，为古籍的存放提供了恒温恒湿的条件。院内的讲学空间开敞而不失秩序，半亩方塘前的平台便是学生听讲的场所，体现出传统书院“因材施教”的特点。

二、徽州古园林建筑的特点

（一）布局讲究

徽州古园林建筑布局讲究因地制宜、虚实结合、疏密有致，体现了徽州先民对自然环境的尊重和深刻理解。园林布局始终遵循“因势利导、就地取材”的原则，巧妙利用原有地形地貌，通过“削山凿地、堆山叠石、引水穿园”等手法，塑造出高低错落、曲折有致的空间形态。

徽州古园林建筑在布局上注重虚实相生、疏密得当，以达到空间的协调统一。园林中的亭台楼榭、山石花木等实景元素，与开阔的庭院、水面、通景框等虚景空间相互映衬，形成了丰富多元的景观层次。实景赋予园林厚重感和空间感，虚景营造舒展开敞的意境，二者交相辉映，塑造出“小中见大、虚中有实”的空间意蕴。这种虚实相生的布局手法不仅丰富了游览体验，更升华了园林意境，成为徽州古园林独树一帜的艺术特色。

徽州古园林建筑布局还讲究疏密有致、错落有序，以营造丰富而不失和谐的景观氛围。园林中的景观要素在空间上疏密相间、参差错落，形成了若隐若现、变化多端的视觉效果。疏处以大面积留白见长，给人开阔舒展之感；密处则以精巧细腻取胜，让人玩味回肠。疏密相间的布局节奏不仅增强了园林的空间层次感，也为游人提供了丰富的观景视角和游览体验。这种布局理念体现了徽州先民对园林空间韵律的精妙把控，彰显出徽州园林独特的美学内涵。

（二）构筑精美

徽州古园林建筑的构筑之美，体现在亭台楼阁等建筑元素的精美设计与巧妙布局上。这些建筑小品不仅在造型、材质、工艺方面独具匠心，更在空间布局上相互呼应，营造出错落有致、高低参差的视觉效果，令人赏心悦目。

园林建筑小品中，亭是最具代表性的构筑类型之一。徽州园林中的亭多为木构，形制多样，有方亭、六角亭、八角亭等。它们或居高临下，或藏于绿荫，与周围环境相得益彰。亭柱雕刻精美，斗拱层叠，檐角飞扬，装饰华丽而不失典雅。漏窗、博古架等细部装饰更是精工细作，体现了徽州古建的技艺特色。

台是另一种常见的园林构筑，多依山就势、高低错落。山石堆砌，曲线流畅，与地形融为一体。台面铺设碎石，拼花图案，工艺精湛。围栏栏杆多采用漏窗图案，镂空雕刻，透景见绿，颇具诗情画意。

楼阁是园林中气势恢宏的建筑，分两层或多层，飞檐翘角、雕梁画栋。檐下垂花门，门楣、雀替、挑檐皆雕刻精美图案，工艺考究。内部精心布置，雕花窗棂，博古架陈列古玩字画，体现主人的文化品位。登楼远眺，园林美景尽收眼底。

徽州园林善于利用借景手法，通过窗棂、门洞、垛口等框景，将远山、竹林、奇石等景致引入室内，使园林景观与建筑小品相互渗透，达到移步换景、小中见大的艺术效果。

从材料运用来看，徽州园林构筑多采用当地的木材、青砖、石料，就地取材、因地制宜。木构件多漆饰彩绘，色彩丰富而雅致。青砖砌筑墙体，灰缝勾缝，工整细腻。石材质地坚实、纹理清晰，用于台基、栏杆、驳岸等，与木构形成鲜明对比。这些材料的巧妙运用，凸显了徽派园林建筑的地域特色。

三、徽州古园林建筑布局与规划技艺的数字化再生

（一）分区布置规律分析

借助3D建模技术重现园林总平面，为深入研究徽州古园林建筑的空间布局提供了直观、精确的技术支持。通过对园林总体规划布局的数字化再现，可以清晰地洞察古人在营造园林时所遵循的空间秩序和美学法则。

徽州古园林建筑总平面布局往往体现“虚实结合、疏密有致、借景生情”的艺术理念。园林设计者巧妙地利用建筑、假山、水景、植被等不同要素，营造出层次丰富、节奏多变的空间序列。而这种微妙的空间关系，恰恰是难以用平面图纸充分表达的。3D建模技术的引入，让我们得以在虚拟环境中，从多个视角切入，真实地再现园林总平面的空间肌理，动态地感受园林布局的精妙之处。

通过对徽州古园林建筑总平面的数字化建模，可以清晰识别园林的分区布置和功能组织。前庭后院、主次建筑、庭院空间等各个部分的位置、尺度、朝向等信息都能准确呈现。这为分析园林各功能分区之间的关系、建筑与环境的呼应提供了可靠依据。同时，我们能在3D模型中度量园林建筑的进深、高度、斗拱出挑等关键尺寸，进而探究徽州匠人在建造过程中对比例、尺度的精准把控。

（二）景观设计元素的数字化提取

在徽州古园林建筑景观设计元素的数字化提取中，利用图像识别技术提取亭台楼阁等构筑元素特征具有重要意义。亭台楼阁作为徽州古园林建筑中最具代表性的构筑元素，既是园林空间布局的重要组成部分，也是体现徽州古建风格和艺术特色的关键所在。通过图像识别技术对其进行数字化提取和分析，能够为徽州古园林建筑的数字化再现、传承和创新提供重要支撑。

从技术路径来看，利用图像识别技术提取亭台楼阁等构筑元素特征主要包括以下步骤：首先，通过高清摄影或三维扫描等方式获取亭台楼阁的数字图像；其次，运用图像分割、特征提取等算法对图像进行预处理，提取其轮廓、纹理、色彩等视觉特征；再次，利用模式识别、机器学习等技术对提取出的特征进行分类和标注，识别出亭台楼阁的构件类型、装饰图案、结构形式等关键信息；最后，将识别出的信息转化为可用于三维建模、虚拟仿真等数字应用的数据格式，实现亭台楼阁构筑元素的数字化表达。

从应用价值来看，利用图像识别技术提取亭台楼阁等构筑元素特征，能够为徽州古园林建筑的数字化研究和应用提供丰富的数据支撑。一方面，提取出的亭台楼阁构筑元素数据可用于建立徽州古园林建筑的三维模型和数字档案，为园林空间布局的虚拟重现、可视化分析提供基础；另一方面，这些数据可用于徽州古建风格的参数化设计、智能化生成，为新建园林的设计提供灵感和素材。此外，通过对亭台楼阁构筑元素的数字化提取和分析，还能够揭示其内在的造型法则、比例关系等设计规律，为徽州古园林建筑营造技艺的传承和创新提供理论指导。

四、徽州古园林建筑造园技艺的数字化再生

（一）地形塑造技法模拟

徽州古园林建筑地形塑造技法的奥秘，在于巧妙运用自然山水，因势利导，化腐朽为神奇。园林布局讲究顺应地形起伏、借势造景，通过叠山理水手法，营造出高低错落、曲折多变的空间层次。园林设计者审时度势，通过填土垒石、开沟引水等方式，塑造出嶙峋山石、潺潺流水的自然意境。

数字化技术为这些传统营造技艺的传承和创新提供了新的路径。利用三维激光扫描、数字摄影测量等技术，可以精准记录园林地形地貌的空间信息，构建起园林的数字化模型。在虚拟环境中，园林设计者能够灵活调整地形参数，模拟不同的叠山理水方案，优化园林布局。而参数化设计技术可以将园林营造的经验法则转化为可计算的算法模型，通过调整参数快速生成各种地形方案，极大提升设计效率。

数字化模拟技术还为古园林地形塑造工艺的研究提供了新的视角。通过对古园林遗址的三维扫描和数字化重建，研究人员能够深入分析古代匠人的营造智慧，揭示隐藏在山水之间的玄机。虚拟现实等技术则可以让人身临其境地感受园林意境之美，领悟先贤的匠心独运。

数字化技术与传统营造工艺的融合，开启了古园林保护与传承的新篇章。通过数字化的方式记录、分析、传播徽州古园林的地形塑造技法，既有助于保护这一宝贵的文化遗产，又能为当代园林设计提供新的思路和灵感。传统智慧与现代科技的交相辉映，必将激发出新的创造力，书写徽州园林艺术的新篇章。

（二）营造小品技艺记录

在徽州古园林建筑的营造实践中，建筑小品（如亭、台、楼、阁等）是园林美学的点睛之笔。它们形态各异、风格迥然，既有拘谨对称的，又有洒脱不羁的；既有庄重典雅的，又有灵动活泼的。这些相得益彰的建筑小品，与园林的山石、水系、花木等要素相互映衬，共同营造出空灵悠远的意境。

要想全面记录和再现这些珍贵的营造技艺，传统的测绘手段已远远不够。三维激光扫描等数字化技术的出现，为精准捕捉建筑小品的几何信息、纹理特征提供了崭新的路径。通过高精度的点云采集，我们能够获取亭、台、楼、阁等的详细尺寸、比例关系，甚至连细部的斗拱、雀替、彩画图案都能一一呈现。这为深入研究其设计理念、建造工艺奠定了坚实的数据基础。

在数字化记录的基础上，我们还可以运用三维建模、虚拟仿真等技术，在计算机中复原建筑小品的数字孪生体。借助 BIM，HBIM 等信息模型，园林设计师、营造工匠能够在虚拟环境中反复推敲亭、台、楼、阁等的造型和结构，模拟其在不同光照、季节下的景观效果，这极大地拓展了设计创作的思路和空间。而通过虚拟现实、增强现实等沉浸式体验，普通游客也能身临其境地感受徽派园林的精妙构思和匠心独具。

随着数字化技术在文化遗产领域的日益普及，建筑小品的数字化保护和传承迎来了新的曙光。通过系统性的数字化记录，我们得以全方位、多层次地再现其几何形态、材质肌理、工艺细节，为深入开展徽派营造技艺的解析、传播提供了丰富的第一手资料。与此同时，借助三维建模、数字孪生等手段，设计师、工匠、研究人员能够在虚拟环境中反复实验和推敲园林建筑小品的设计方案，这无疑极大地促进了传统营造智慧与现代科技的创新融合。

（三）园林植景方式展示

园林植景设计的数字化再现与模拟，为古建筑营造技艺的传承和发扬提供了新的路径。传统的徽州古建园林，凝结了先贤的智慧，蕴含着丰富的人文内涵。其布局讲究因地制宜、虚实结合，构筑亭台楼阁错落有致，寓意深远、意在言外，追求心灵的宁静与超脱。这种追求物质与精神和谐统一的造园理念，体现了中国传统哲学的精髓。

随着数字技术的发展，我们有了更先进的手段来认识、保护和传承这一宝贵的文化遗产。通过三维扫描、参数化设计等技术，我们能够精准记录园林建筑的空间布局和构件特征，以数字模型的形式再现其几何信息和肌理纹样。虚拟现实、增强现实等沉浸式技术，则可以营造身临其境的观感，让人仿佛置身于古朴幽雅的园林之中，感受前人营造的意境。

更重要的是，数字化模拟为园林营造技艺的研习提供了新的途径。通过对园林布局、建筑构件的参数化分析，我们可以提取其中蕴含的设计原则和方法，揭示先贤在选址、布局、取景等方面的独到匠心。对古建园林植物景观的数字化展示，则有助于我们理解传统造园者在植物配置、色彩搭配等方面的生态智慧。这些从传统园林中提炼出的营造规律和技艺，可以为当代园林设计提供有益启示。

数字化技术不仅是古建园林保护传承的有力工具，更是其创新发展的助推器。通过数字模型的参数调整和灵活组合，设计者可以在传统营造智慧的基础上，探索新的空间形式和审美表达。将传统技艺与现代科技相融合，既能唤醒人们对文化根脉的认同，又能激发新的艺术灵感和创作活力，使传统园林艺术在当代语境中焕发新的生命力。

参考文献

［1］ 花景新.中国建筑文化与书法艺术［M］.济南：山东科学技术出版社，2021.

［2］ 凌玉光.中国古建筑园林营造技艺［M］.成都：四川民族出版社，2020.

［3］ 张晓飞.地域文化与中国古建筑［M］.海口：南海出版社，2024.

［4］ 王安，刘松石，韩娜.中国古代建筑艺术设计工艺分析［M］.北京：中国纺织出版社，2021.

［5］ 乐嘉藻.中国古代建筑概说［M］.太原：山西人民出版社，2020.

［6］ 齐丰妍，陈文婧.传统民居建筑装饰艺术［M］.北京：中国纺织出版社，2021.

［7］ 周乾.古代建筑：传统文化与技艺的典范［M］.大连：辽宁师范大学出版社，2021.

［8］ 黄炜.徽州当代地域性建筑理论和实践研究［M］.上海：同济大学出版社，2023.

［9］ 王俊.中国古代民居［M］.北京：中国商业出版社，2022.

［10］ 王希富.中国古建筑室内装修装饰与陈设［M］.北京：化学工业出版社，2022.

［11］ 张毅.徽州古村落公共空间的形态保护与承传策略研究［M］.南昌：江西美术出版社，2020.

［12］ 王俊.中国古代门窗［M］.北京：中国商业出版社，2022.

［13］ 刘海涛.古代建筑与园林研究［M］.长春：吉林科学技术出版社，2022.

［14］ 王薇.徽州古戏台建筑艺术［M］.北京：中国建筑工业出版社，2020.

［15］ 苗建民，王时伟.古代建筑琉璃构件保护技术暨传统工艺科学化研究论文集［M］.北京：科学出版社，2021.